U0174833

财富几何学

通向财务自由之路

[美] 布莱恩·波特努瓦◎著
王尔笙◎译

Brian Portnoy

THE GEOMETRY OF WEALTH

How to Shape a Life of Money and Meaning

中国出版集团 现代出版社

图书在版编目（CIP）数据

财富几何学：通向财务自由之路 /（美）布莱恩·波特努瓦 (Brian Portnoy) 著；王尔笙译. -- 北京：现代出版社，2019.10
ISBN 978-7-5143-8159-7

Ⅰ. ①财… Ⅱ. ①布… ②王… Ⅲ. ①财务管理—通俗读物 Ⅳ. ① TS976.15-49

中国版本图书馆 CIP 数据核字 (2019) 第 216559 号

版权登记号：01-2019-2548
Originally published in the UK by Harriman House Ltd in 2018,
www.harriman-house.com.

财富几何学：通向财务自由之路

作　　者：〔美〕布莱恩·波特努瓦 (Brian Portnoy) 著
译　　者：王尔笙
选题策划：杨　静
责任编辑：杨　静　王　羽
出版发行：现代出版社
通信地址：北京市安定门外安华里 504 号
邮政编码：100011
电　　话：010-64267325　64245264（传真）
网　　址：www.1980xd.com
电子邮箱：xiandai@vip.sina.com
印　　刷：三河市宏盛印务有限公司

开　　本：880mm×1230mm　1/32
印　　张：8.5　　字　　数：177 千字
版　　次：2020 年 3 月第 1 版　　印　　次：2020 年 3 月第 1 次印刷
书　　号：ISBN 978-7-5143-8159-7
定　　价：58.00 元

谨以此书献给特蕾西、本、扎克和莎拉

不必匆忙；不要停顿。

——约翰·沃尔夫冈·冯·歌德

目　录

策略

无定形

前言
三种几何形状的故事

“在我们看来，地图比陆地更真实。”

——D.H. 劳伦斯

致面对金钱不知所措的朋友们：

怎么赚钱，怎么花钱，怎么省钱，以及怎么投资——这些都是实实在在的问题，有时还很复杂，但我们每天都要面对，还要想办法解决。这些任务看上去是那么索然无味，然而令人无法回避的是，金钱会在我们的人生之旅中留下不可磨灭的印记，而且还有各种各样的情感相伴而来：恐惧、兴奋、紧张、困惑、嫉妒、厌倦、希望，当然还有快乐。

尽管其重要性毋庸置疑，但我们与金钱打交道的过程多半是在私密状态下进行的。这就像《哈利·波特》中有关伏地魔的话题——为大多数人所恐惧，且极少被人所提及。公开谈钱令人不爽，甚至在伴侣、父母或子女间，金钱也并非中心话题。原因有很多，但都可以归结到这样一个事实上：从分析的角度来看，它是复杂的；从情感的角度来看，它是令人焦虑的。任何一条理由都足以将对金钱的探寻和发现扼杀在萌芽状态；而复杂的和情感上的理由结合到一起则无异于一杯高度烈酒。我们可不愿意去碰它。

这样一来，我们也在很大程度上避开了若干重大问题，它们超越了薪资、债务、抵押贷款、退休、保险和慈善等实际问题。这些问题涉及更加困难的事情，需要有较为强大的内省。金钱对快乐生活有多大影响？很大，很小，还是根本没有？金钱可以买来幸福吗？真出现这种情况，该如何应对呢？金钱与人生真谛的关系是一种剪不断理还乱的关系。

在《财富几何学》中，我会尝试着把它彻底解析出来。我会为任何希望在财富增值和保值方面有所作为的人提供一份行程单。不过这个旅程并不会像很多人想象的那样。也许只有你看到了正确的方向，这条财富之路才会真正为你打开。而且你还要心甘情愿地采取以下三个重要步骤：

1. 明确你的目标：阐明美好生活的构成要素。

2. 设定优先事项：设计核心策略以便按照正确的顺序做正确的事情。

3. 做出决策：利用简洁的策略获得更好的结果。

在每个步骤中，我们都要适应不断变化的生活环境，设定清晰的和可操作的优先事项，而且通过简化程序使困难的决策变得简单些。鉴于人们在处理涉及财富的问题时，要么附庸于空洞的哲学理念，要么拘泥于并不可靠的技术手段，本书尝试创造一种天衣无缝的思路，一种别人从未使用过的思路。要知道，人们在财富领域制定的大多数策略仅仅是着眼于这个旅程的某个小片段而已。

我们首先要将富裕与财富区分开来。追求富裕就是追求“更多”。这种多多益善的决心更像是一台跑步机，通常只能带给我们转瞬即逝的满足感。这种对于富裕的求索通常并不像其众多拥趸所认为的那样存在一个终点。财富则截然不同，它体现了一种资金满足感，反映了一种承诺过上有意义生活的能力——当然，人们可以选择给出自己的定义。说到底，我认为对很多人而言，财富是可以获得的，其中也包括那些绝望地相信与财富无缘的人。在此需要指出一个问题：真正意义上的财富概念只有在目标和实践经过仔细校准的生活环境中才能实现。而在孤立的状态下，无论靠深思熟虑还是冗长的检查清单都不足以完成任务。若要取得成功，清醒的头脑和脏手[①]缺一不可。

背景与前景

《财富几何学》可以看作此前我所做财富研究的前传。我的第一本书《投资者的悖论》（*The Investor's Paradox*）着眼于故事的结尾，而非开始。如此说来，似乎我先写了一本错误的书。不过那本书设法证明了投资决策是否卓越的细微差别，尤其当涉及选择共同基金或对冲基金时，则表现得更为明显。虽然它对人类决策过程的缺点给予了重点关照，但在面对绝大多数与如何获得财富的关系更为密切（而且坦率地说更为有趣）的层面时，它更多的是扮演借势赶超的角色。它囊括了解码复杂投

① 哲学概念，指不道德的手段。——译注

资和制定最优投资组合的秘笈。它还在不经意间借用了一个经典的经济学假设，即我们每个人都是一个“效用最大化者”[①]，这是一个很难理解的术语，意指一个人的原始动机是“更多”。所以说，那本书的隐含主题是讲如何致富的。

我想，当今世界发生了很大变化。从私人角度来讲，随着孩子一天天长大，我也越发好奇，在今后的几十年里，他们将过上什么样的生活。和所有父母一样，我也对他们能否获得幸福和满足感到担忧。当然，我对他们将来某一天拥有的股票和债券并不担心，不过在一个快速变化的全球劳动力市场里，我关心他们能否获得他们想要的生活。要么“胸怀鸿鹄之志”，要么“顺其自然”，给他们这样的建议似乎还不够。即使将两个建议都给他们，但不告诉他们这二者之间的联系，同样不够。

从专业的角度来讲，从大学老师变成投资者，然后又变回教育工作者和作家，我的职业生涯似乎一直为我呈现一个模糊不清的小宇宙。我现在有机会周游世界，接触众多财务顾问和他们的客户（就像你我这样的人），交流如何做出更好的财务决策。我所见到的人都是共性远远大于个性。无论他们的生活方式、口音、政治倾向，甚至喜欢的球队如何，我所见到的每个人都希望赡养家庭、身体健康、善待他人、兴趣广泛和工作出彩。

所有这些关注都指向一个最大、最根本的问题：我会发达吗？可以这样说，这个问题不单单涉及金钱，但肯定是笼罩在金钱的阴影之下。

---

① 即“理性人”的概念。——译注

提出这个问题的人可以是超级富豪，也可以是日子紧巴的工薪阶层；可以是退休的养老者，也可以是事业刚刚起步的年轻人。

我逐渐认识到，传统的财富地图都是按照错误的北斗星方位编制的。站在我的角度看，这片土地——我们真实的财富之旅——看上去相当与众不同。是时候借助更加准确的罗盘绘制一幅更好的地图了。本书的立意便在于此。

还等什么，现在就让我们出发吧！

三个几何形状的故事

《财富几何学》的故事借助三种基本几何形状并分成三部分展开：圆形、三角形和正方形。它们代表了从目标到优先事项再到策略的财富之旅。每个步骤都有一个与之相关的主要行动，它们分别是适应、优先化和简化。这个框架构建起了从理念到行动的桥梁。本书主题的展开顺序是从最重要到最次要，从最抽象到最具体。在这次财富之旅中，我们的指导原则是本人提出的“适应性简化”（adaptive simplicity），这是一种既顺势而为又抓大放小的方式。

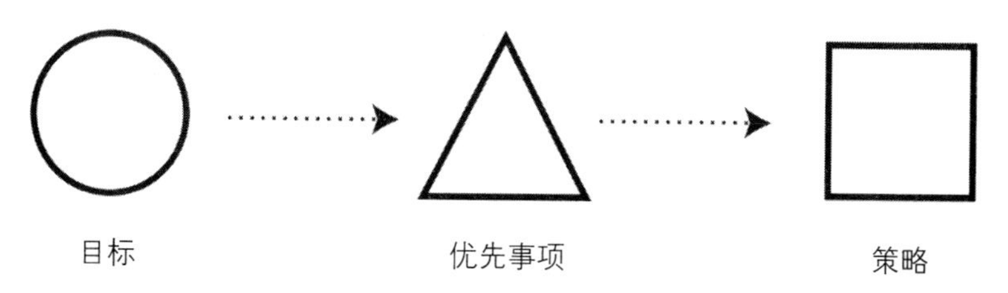

目标

资金满足感从构想出与我们相关的故事开始。至于搞清楚我们每个人应该或能够为这个故事赋予什么内涵，并没有固定的模式。我们可以通过家庭、职业、社会、信仰、国家，或若干私人情感或兴趣找寻我们的目标。你如何确定或选择你的目标完全由你自己来定。

然而，这个与我们的人生起伏息息相关的过程是具有共性的。下面这个圆形便阐释了寻找的过程。

无论计划制订得多么周密，执行得多么完美，总是有适应的必要。逆境是完全不可避免的。即使你在总体上一帆风顺，但过程本身总会出现些许变故。重新校准或改变我们的人身轨迹存在各种需要或者说契机，它们一再发生，而且永远不会以完全相同的方式展现在你的面前。大哲学家赫拉克利特曾经说过，人不能两次踏入同一条河流，所以充分利用自己的适应能力是一项关键使命。

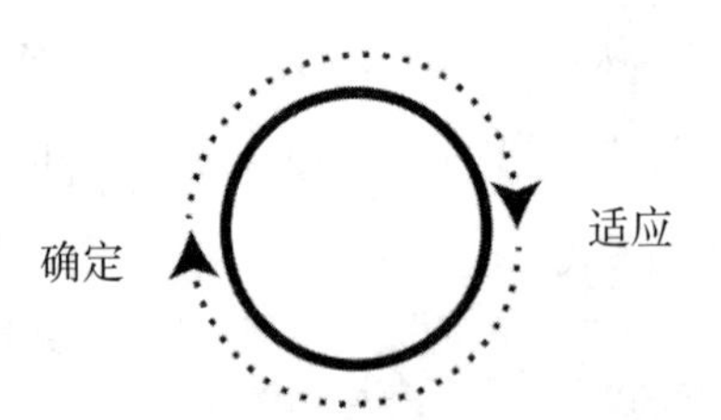

若要理解这种反复，很重要的一点是彻底搞清楚这两个抽象概念之间的关系：金钱与幸福。它们并不存在于自然界当中，从这个意义上讲，它们都是杜撰出来的概念：它们不是从地底下挖出来的，也不是从树上摘下来的。它们的定义和价值是由个体与集体共同确定的。

一般来讲，你的银行账户的规模和你的满足感之间的关系是存在矛盾的，这是由人脑的思维方式决定的。我们每个人生来就拥有一个受直觉和理性驱动的双轨制大脑。大脑拥有的基本理解能力让我们在理解金钱与幸福的复杂关系时具备小小的优势。

虽然可以拿出若干肯定的证据，但那些拥有较多金钱的人未必更幸福。如果非要说有什么好处的话，那就是与其带来的快乐相比，金钱在缓解痛苦方面确实更胜一筹。不过研究显示，那些目标明确和拥有适应性自我的人通常更容易满足。在这种情况下，如果使用得当，金钱会带来非常积极的效果。

你很快就将有机会就当代科学纠缠不清的问题形成自己的观点，不过有一点是相当肯定的：金钱是这次财富之旅不可或缺的组成部分。金钱不仅仅与付账单联系起来，它还充当了情感记分卡和社交身份牌的角色，而且同时具有兑现欢乐承诺或消除恐惧的潜质。要勇于尝试，不要退避三舍。

优先事项

幻想一种令人满足的生活是一回事，制订计划去实现这种生活是另一回事。为了让我们的财富之旅步入正轨，我们可以借助一个横跨从使命到方法的三角形让三个优先事项运转起来。迅速拥有一个鲜明的目标层次可以帮助我们辨别首当其冲的任务并规避各种干扰源。

第一个优先事项是风险管理。它保护我们免受潜在损失，尤其是大灾祸。在人类的意识里，损失远远重于收益，因此提升风险管理是我们要做的头等大事。该步骤是要建立起恰当的理念，这种理念更重视避免错误而非炫耀才华。

接下来，我们要计划好财富之旅的日程——挣钱、花钱、存钱，还有投资——也就是说，要聪明地利用好我们所拥有的，弥补我们所欠缺的。维护这样一张记分卡是一种操作简单但收益巨大的锻炼，因为它既能清晰表达我们日常的财务平衡，又对其产生激励作用。它有助于我们调整令人烦恼的支出与储蓄决策，并为我们揭示了财务不平衡的后果。一旦实现了这一点，我们便有能力支撑起一个个令人兴奋的人生追求，进而实现伟大梦想。我们希望自己表现出谦虚、沉稳的人格魅力，而不是贪婪、吝啬的性格污点。

甚至正确的理念和标准化的记分卡也不足以确保获得资金满足感。这时便引出了有关投资本质的问题：我们冒险动用本无风险的银行储蓄去获得更大收益。投资是面向未知未来的一系列赌博行为，主动接触不确定性触发了大脑中某些潜在的怪癖。

我运用第二个三角形构建计划中的优先事项与投资决策之间的联系。良好的投资结果与3个因素有关。第一个是我们自己的行为，毫无疑问，这是三大因素之中最重要的一个。人类大脑天生便会制造出一个个认知与情感错误。一个经典例证是，当市场出现溃败时，投资者会在恐慌的心态下抛售手中的筹码，实现止损，然后再错失反弹良机。问题的关键在于我们不是非理性的，我们是公平、公正的人类。我们自身行为对我们财富之旅的重要指导作用是贯穿本书的一个主题，这一点与对花哨的理财概念的不熟悉有所不同。

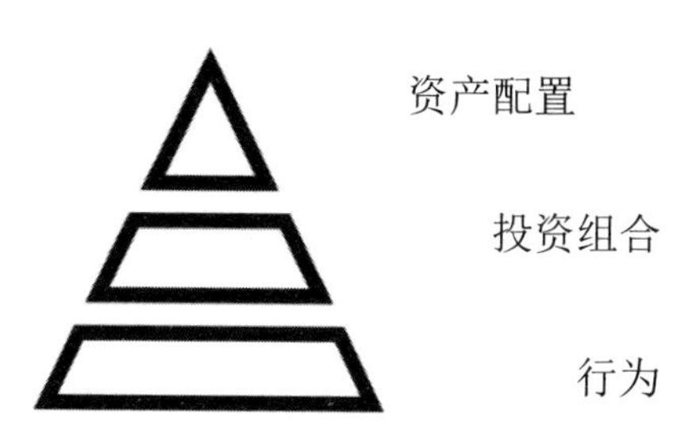

排在行为之后的是一个人的全部投资组合的内容，它允许我们管理风险和促进资本的增值。投资组合管理专注于数量较少但更具影响力的决策。构成这些投资组合的特定资产配置——那些引人注目而又令人心动的股票、债券和基金——是成功理财的重要驱动力，但只有在适当的投资背景下获得充分理解时才会起效。

策略

正方形通过期望值的运用帮助人们做出策略性决策。我们的目的在于设定合理的投资期望值，以便在智力上和情感上顺应市场脉动。

简化是实现期望值有效管理的聪明路径。一般来讲，得到满足的期望值会带来暂时的幸福感，而未得到满足的期望值会带来暂时的失落感。在人类意识里，着力避免损失要胜过获得收益，因此在这一过程中将遗憾降至最小比获得未来收益更为重要。

正方形将投资决策过程分解为4个不可再简化的要素。第一个角代表我们希望获得的财富增值。评估做出合理的未来收益与其说是一门科学倒不如说是一门艺术，或者从可能性上来说，至少需要某种非自然的思想过程。第二个角是指获得那些收益时所要付出的情感痛苦——都是神经质的价格惹的祸。价格的波动可能刺激一个人做出糟糕的决定。而适配这个角揭示的是附加决策如何改善或损害你现在的财富状况。最后一个角是灵活性——专业人士称之为“流动性”。它所阐明的是，无论价值还是成本都可能改变你的想法。这种自由决定权是一把双刃剑。

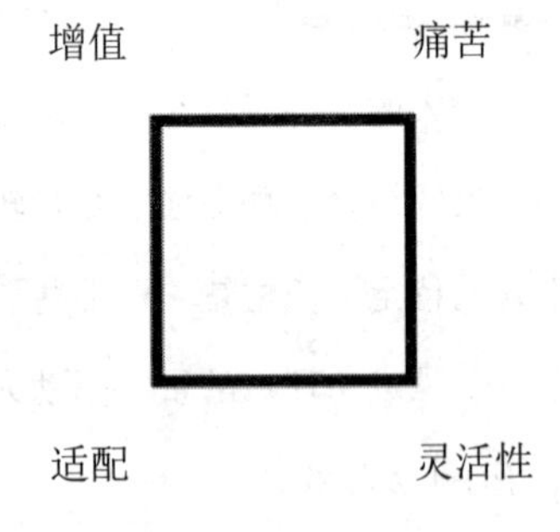

人们的普遍理解是，金融是一门精密的科学，而当涉及金钱的问题，尤其在做投资打算时，都是有“正确”答案的。非也。乍一看，正方形显示这场游戏并不复杂，而且更有可能取得胜利。不过化繁为简并不简单，这就是做事有条不紊成为制胜关键因素的原因。

不管如何确定，如果说真正的财富体现的是承诺过上品质生活的能力，那么这三种几何形状便在财富之旅中充当指示牌的角色——从目标到优先事项再到策略。适应性简化就好比一部引擎，它推动我们沿着财富之路前进，将我们的整体愿景与财富领域统一起来。

最后，我们必须承认并妥善处理够用就好与多多益善之间无尽无休的紧张关系。两种财富观都是合理进化的人类本能，但我们心里清楚，它们可不会老老实实地坐在一起，这表明当前自我和未来自我之间的关系是何等脆弱。我们珍视活在当下与未来进步，因为尽管路径不同，但它们都会让我们过上品质生活。

本书的目标不是宣告在哲学家的古战场上“存在”（being）与“生成”（becoming）孰胜孰败，那是不可能的。但是，当我们意识到二者之间的紧张关系时，或许做些准备工作并拥有自己的见解会帮助我们处理好这个关系，这样也好充分享受我们的财富之旅。

塑形

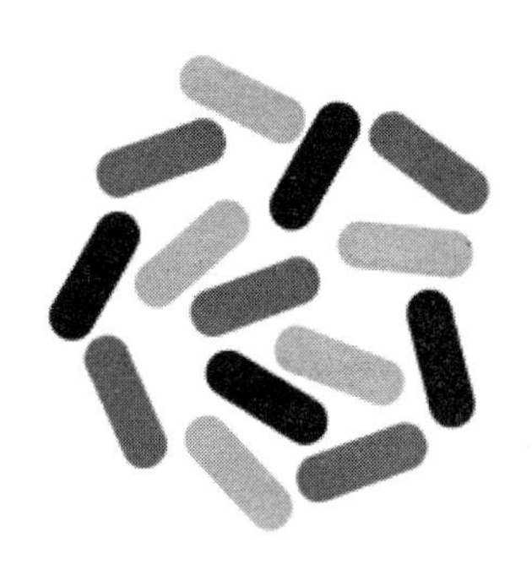

我们要在这一部分把事情梳理清楚

第一章　财务困境

“对于很多人而言，我们的财务困境是不能说出来的，所以我们都是沉默的受害者。不仅仅是我们的银行账户，而且我们的生命也处在危险境地。”

——尼尔·加布勒

“没有比平静的心灵都不能抚慰更痛苦的事了。”

——塞内卡

财富生活

金钱贯穿了日常决策和重大思路。在日常生活中，它就相当于发动机中的润滑油，没有它，金属之间便会产生磨损。有了它，发动机便得以运转，但并不是说它能指引正确的方向。

财富生活是我经常挂在嘴边的一个术语，它拥有四个维度：收入、支出、储蓄和投资。

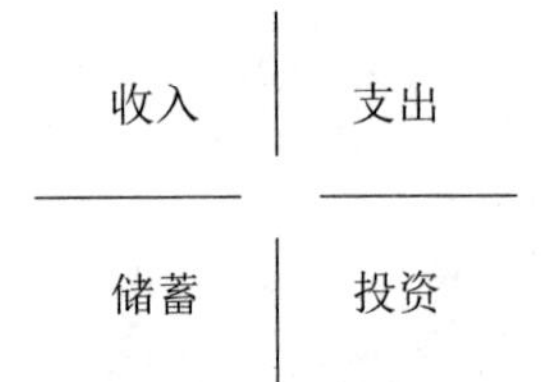

先从薪水开始吧。“谋生”这个词承载着一份工作的重心，它的首要但并非唯一的目标是维持我们自己和我们家庭的基本生活。没有挣钱的能力，前途便是渺茫的。薪水在手，我们接下来就要想清楚如何做出一个个决策。第一批和最重要的一批决策与支出有关。除了每月账单之外，还有越来越多的消费选择。那些没有用掉的收入为我们创造了储蓄的机会。最后就是投资。该过程为我们的金融资本提供了比坐拥现金更高的增值机会，但将其置于风险之下。不管是收入水平还是继承的财富，我们财富生活的矩阵是复杂的和有压力的。

虽然我们都有类似的担忧，并提出了类似的问题，但我们并未共同去应对。财富是一类孤立和被孤立的事物，我们都是自己搞定它的。

那么我们所共同面对的是什么呢？在我看来，目前有三大挑战：

1. 我们对自己的资产有更大的控制权。

2. 我们倾向于做出糟糕的财务决策。

3. 我们几乎没有犯错误的余地。

我将一一探讨上述挑战。

第一大挑战：无论你喜欢与否，这是你的责任

我们这个时代的时代精神是由大量的信息和选择、事必 DIY 的做事方法，以及尽管出现了史无前例的数字联系但原本深厚却正在减弱的社会联系决定的。在寂寞的人类社会里，我们拥有巨大的自由决定权和责任感。[1] 现在借助技术手段，我们可以轻松成为（或者我们认为可以成为）媒体大亨、烹饪专家、旅游中介、执业医师、气象学家、某一行业（可以选一个维基百科的网页）的速成学者，是的，还有市场专家和投资组合经理。我们在更多领域比以往任何时候拥有更多的自主权。我们生活在信息时代；我们生活在一个焦虑的时代。

在财富领域，我们正以前所未有的方式经受考验。管理你的长期财务健康的责任在最近几代人中发生了变化。尤其是退休的性质正在发生变化，这在很大程度上归因于传统养老金计划的稳步消亡。但很少有更强大的结构性力量来推动我们财富生活的“民主化进程”和具体投资事宜。

请记住，“退休”并非是很久以前便已存在的事。现代文明只有几百年的历史，所以在某个时候自愿停止工作，然后靠储蓄和以投资为生的想法还是比较新颖的。原因很简单：在大多数历史阶段中，人们都是一直工作到死的。而且那些寿命超过自身人力资本的人需要依靠传统家庭结构的支持。在《威利·旺卡和巧克力工厂》中，长期卧床的乔爷爷和约瑟芬奶奶不是领养老金的人，他们也没有社会保险或其他政府救济金

可以依靠；他们是接受查理·毕奇的妈妈照顾的人。

先是从19世纪的欧洲开始，后来又传到美洲，政府为老年人口建立起社会保险体系，雇主则为工人们安排了福利套餐，以便维持他们的晚年生活。以美国为例，在第二次世界大战后相当长的一段时间里，很大比例的美国私人和公共领域的劳动力都参加了确定给付受益计划。实际上，这就相当于退休期间的生活津贴。

然而，在过去的几十年里，这些集体退休计划已被完全冻结或关闭。他们基本上被DIY模式的投资计划取代了，如401（k）计划。自20世纪80年代以来，工人的养老金覆盖率从62%下降到17%，而那些只接受401（k）计划的人则从12%上升到71%。[2] 由于现在大多数人都自行负责退休投资，所以专家们得出结论：退休保险的黄金时代已经结束了。

我们对能够享受舒适退休生活集体信心不足。在2017年，只有18%的工人对停止工作后还会有足够的钱“非常有信心”。大约25%的美国人对未来的经济保障没有信心，而其余人的信心则介于二者之间。[3] 政府收益的不确定前景进一步削弱了人们的信心。虽然从未被设计为或计划成为唯一的退休津贴，但社会保险已然成为这样一种面向亿万人的经济保障。

由于社会保障体系都处在风雨飘摇状态，所以人们对退休后的生活缺乏信心也就不足为奇了。有关退休准备的数据令人担忧。近40%的美国工人没有退休储蓄。让我重申一遍：数亿美国人没有为退休攒下一分钱。目前略过半数的工人正在执行退休储蓄计划，但其中大多数人的储蓄额很少：24% 的人的储蓄额不足 1000 美元；47% 的人不足 2.5 万美元；65% 的人不足 10 万美元。[4] 请注意，即使投资稳健，10 万美元的储蓄额也只相当于每月几百美元的退休收入。

这种强加给我们长期财务健康的责任与我们对整个财富主题的普遍不适相冲突。调查显示，金钱是最敏感的话题，比其他热点问题更敏感。我们只是不喜欢谈论它而已。[5]

“这是一个内容如此广泛的话题，”心理学家丹尼尔·克罗斯比（Daniel Crosby）解释道，“金钱包含了太多的潜台词和隐含意义。金钱是幸福、权力和个人效能的代名词，所以它看上去非常吓人。”[6] 克罗斯比道出了我们讨厌谈论金钱的三大原因：它有压迫感、是社会禁忌以及我们大多数人对数字感到不安。他援引的 2004 年美国心理协会所做的一项调查显示：73% 的美国人认为金钱是生活中最具压迫感的因素，比死亡、政治或宗教更甚。[7]

大多数人都认为谈论金钱是令人尴尬的、没有品位的、不恰当的、令人困惑的、令人生畏的、不道德的、无聊的，或者存在某种复杂的感受。配偶们在面对金钱的话题时总有剑拔弩张的感觉，成年子女和年长的父母们则发现涉及金钱的讨论是痛苦的，而在这个问题上，我们也很少与孩子谈论，遑论教育他们了。其他研究表明，金钱是离婚后的人们所要面对的数一数二的重大问题。很多夫妻更喜欢谈论不忠，而不是处理家庭财务或他们挣多少钱。[8]

你有很好的机会充分了解你的好友的婚姻、健康和工作状况，但对他们的经济状况一无所知。你最要好朋友的薪水是多少？他是债台高筑呢还是已经为退休攒足了钱？他做预算吗？正如克罗斯比所说："我们对朋友缺钱深表同情，我们对税赋发出共同的抱怨，并一起讨论如何花掉睡梦中中的彩票大奖。但在涉及构成我们实际财富生活基础的更普通、更严肃的问题时，我们却习惯性地沉默以对。"

遭遇这种对自己的财富控制不当的困境，其根源在于普遍的财务知识缺失。[9] 请尝试回答以下 3 个问题：

1. 假设你的储蓄账户中有 100 美元，年利率为 2%。如果你的资金呈增长状态，你认为 5 年后你的账户余额会有多少钱？

A. 超过 102 美元　B. 刚好 102 美元　C. 不到 102 美元

2. 假设你的储蓄账户的年利率是 1%，每年的通货膨胀率是 2%。1 年后，你用账户中的钱可以购买多少东西？

A. 超过今天　B. 和今天相同　C. 少于今天

3. 请回答以下观点是否正确：购买一家公司的股票通常比购买股票共同基金能提供更稳妥的回报。

设计这次金融知识测验的两位专家发现，只有 1/3 的 50 岁及以上的美国人正确回答了所有这 3 个问题；[10] 只有一半的人正确回答了前两个问题。难怪大多数人都不愿意管理自己的资金。但事实是你必须这样做。

第二大挑战：你的阻力在于你自己

第二个问题甚至更大，是关于我们自己的。人类大脑与很多情感和认知偏见有关联，其中一些偏见会引导我们做出糟糕的财务决策。

以最基本的游戏规则为例：低买高卖。如果你这样做，便会赚取利润。似乎很简单嘛。但实际情况呢，大家都在做相反的事情：我们高买低卖。[11]

怎么可能呢？答案很简单，它源自人类大脑对生存无法遏制的关注。在过去的几千万年间，进化青睐那些通过必要的手段获取机会并从危险中全身而退的人。“战斗或逃跑”的本能是强大和不变的。我们将看到，一个巨大的挑战是，当我们“古板的”大脑面对现代金融市场时，会出现掉线的情况。贪婪和恐惧的循环阻止了赚钱的好机会。

请看下面的矩阵：当我们注意到——说感觉到更合适——行情上涨时，我们是冷静的，甚至可能是激动的，因为我们将变得越来越富有和安全。正是在这些时候我们希望增加投资。

贪婪、恐惧和投资者行为

	买入	卖出
担心	否	是
激动	是	否

当行情下跌时，我们感觉不太安全。损失的念头会扰乱我们的大脑，

我们担心行情会继续下跌。我们对继续持有我们所拥有的东西感到不舒服，当然也就不愿意买入了。当价格高昂的时候，我们买入；当价格低廉的时候，我们置之不理。

这不是“正常的”消费行为。当商场里所有商品都涨价时，我们不会冲进去扫货，而当它们都降价销售时，我们不会对商场敬而远之。但这却是投资客的集体行为。任何学过经济学入门课程的人都知道：当价格上涨时，需求下降；当价格下跌时，需求上升。财富管理并不总是遵循前面的规律。

如果这听起来不像你，可以自问一下：2008 年，当大盘下跌超过 50% 时，你是否在平静地伺机购买大幅下跌的股票。可能不会。理论上讲，反向投资（买不受欢迎的东西）和价值投资（买便宜的东西）的理念很棒，但它们需要你有异乎寻常的情绪韧性。

为了了解现实结果，我们可以看看金融危机前后投资者行为的真实数据。这张图表简单说明了美国股票共同基金在金融危机之前 5 年（2003—2007）与金融危机之后（含金融危机）5 年（2008—2012）的资金流入或流出情况。[12]

高买，低卖

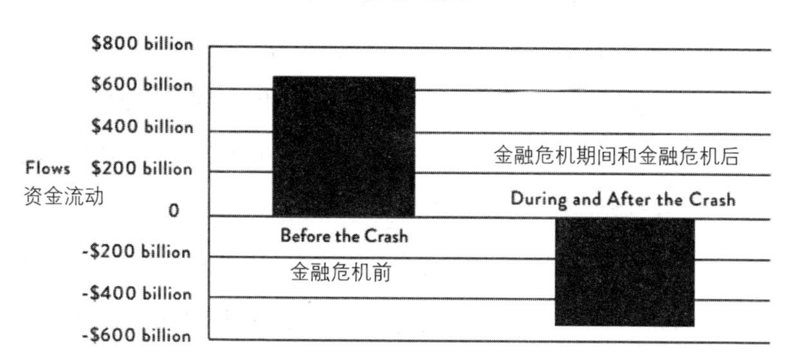

资　金　流　动　$8000 亿，$6000 亿，$4000 亿，$2000 亿，0，-$2000 亿，-$4000 亿，-$6000 亿，金融危机前，金融危机期间和金融危机后

随着市场在此前的 10 年间稳步走高，投资者向美国股票共同基金注入了大约 6600 亿美元的新资产。在金融危机期间和金融危机之后，纵然多年以来没有更好的买入机会，但他们还是撤回了 5000 多亿美元的投资。可见，我们是自己最大的敌人。

第三大挑战：你没有太多犯错空间

当前全球资本主义的结构性变化为我们提供了一条通往成功的更为狭窄的通道。我们的收入和投资的潜在回报似乎都面临挑战。

人力资本

想要生活得更好已经变得越来越难了。从基本面看，自 20 世纪 70

年代以来，实际收入一直停滞不前。经济和社会流动性的上升潜力受到阻碍，而全球劳动力市场的结构性转变显示人力资本开发的前景不佳。[13]我们的财富生活定位在收入潜力上，所以这种动力是值得关注的。

在引发激烈辩论的关键转变中，有一项转变是工作场所自动化的结果。[14]对于这种加速趋势的恐慌是有充分理由的。不仅平民阶层、中等阶层，甚至上等阶层的职业都在受到威胁。不仅工厂的工人、会计师、律师、医生，甚至投资组合经理们也处境堪忧。这并不是说没有或不再有收入不菲的令人兴奋的工作，问题是这样的岗位将少得可怜。

马丁·福特（Martin Ford）在《机器人崛起》（*Rise of the Robots*）一书中做过一番对比。他指出，1979 年，通用汽车雇用了 84 万人，赚取了大约 110 亿美元的利润。与此形成对照的是，2012 年，谷歌雇用了不到 3.8 万人，创造了近 140 亿美元的利润。有必要说明的是，这些利润是扣除了物价上涨因素的。[15]因此，在具有可比性的基础上，产生巨大利润所必需的劳动力必然呈暴跌状态。在这种情况下，我们可以看到，尽管利润相当，但后者所需要的工作岗位不足前者的 1/20。不幸的是，目前这样的例子并不难找，很多公司维持经营只需要相当少的员工。

这就是 1942 年政治经济学家约瑟夫·熊彼特（Joseph Schumpeter）所谓的资本主义“创造性破坏”过程，这一著名思想无论过去还是现在一样重要。他写到，资本主义“是产业突变的过程……它从内部不断地革命经济结构，不断地破坏旧的结构，不断地创造新的结构”。[16]改变和被迫适应——包括失败的适应——是资本主义的一个特征，而不是一个缺陷。熊彼特称创造性破坏是资本主义的“基本事实”。

从边疆农场到服务器农场①,“革命”从未停止。可以这样说,那些要靠个体努力谋得好生活——或者父母安排他们的子女这样做——的地方是当前全球政治经济最深层次的压力来源。这一点不容忽视，因为这种趋势正在影响的不仅仅是低技能、低工资的工作。很多服务类职业，如法律和医学，现在都出现了收入停滞和含金量下降的苗头。

我们中的很多人也没有从原本的实力地位实现平稳的转变。很多美国人生活在作家尼尔·加布勒（Neal Gabler）所谓的“经济脆弱”的背景下。[17]2016年加布勒在《大西洋月刊》上发表的一篇文章引发了共鸣，因为他曾经是一位成功的作家，他所面对的个人挑战被广泛传播，但从未有人认真探讨过。他写道:“我从没说我的经济困难，甚至和我最亲密的朋友也没有聊过——换言之，直到有一天我开始意识到发生在我身上的事也发生在成千上万的美国人身上。”正如加布勒所指出的那样，只有38%的美国人可以支付1000美元的急诊室费用。他所引用的皮尤慈善信托基金会的一份报告指出:55%的家庭没有足够的活期存款来弥补一个月的收入损失。[18]

金融资本

不仅挣钱更难了，存钱更难了，未来几年的资本市场也有可能提供比过去一代投资者收到的更低的回报。不容忽视的是，从20世纪80年代初

① Server farms，也称服务器集群，指计算机服务器的集合使用。——译注

到现在，股票和债券的市场收益率相对于长期历史趋势是极为丰厚的。

请看麦肯锡公司（McKinsey & Co.）提供的数据。在过去 30 年里，美国股票和债券的实际收益率（意味着扣除物价上涨因素）都远远超过长期历史平均水平。[19]

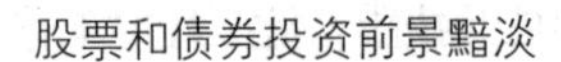

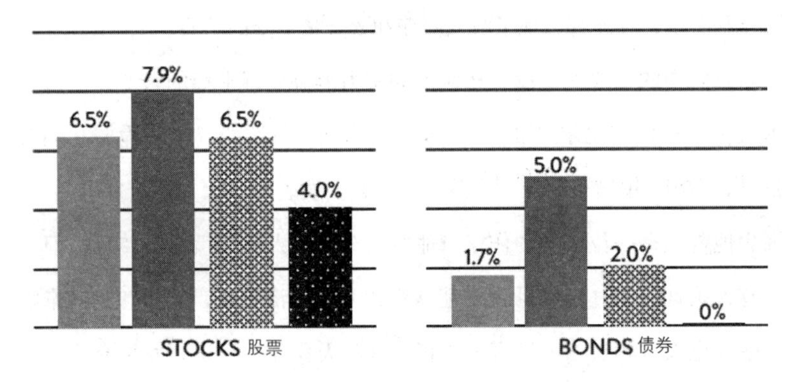

Real Rates of Returns (Annualized) 实际收益率（年化）

Historical Average 历史平均　Last 30 Years 过去 30 年　Next 20: High Growth 今后 20 年：高速增长　Next 20: Slow Growth 再下一个 20 年：缓慢增长

左边的 4 根长条柱表明，在过去 30 年里，股票市场的实际收益率已超过其长期历史平均水平。右边的一组长条柱显示债券出现了大牛市，收益达到了长期平均水平的 3 倍。

下一代投资者能够获得类似的结果吗？不太可能，尤其是债券市场。债券价格随着利率的下降而上升，而利率自 20 世纪 80 年代初以来急剧下降。很难相信当时的利率高达 17%。美联储主席保罗·沃尔克（Paul Volcker）强烈抨击这一问题，由此开启了资本成本长期稳定下降通道，并引发了历史上最强的债券牛市。[20]

形象地说，现在再挤压也榨不出多少果汁了——利率已经相当低了，这意味着未来的债券收益率不可能再现近期创下的历史新高。股票市场更加不可预测，但历史高位估值暗示长期收益将适度上涨。麦肯锡公司提供的数据显示对未来收益的预期低迷，其他一些严肃的观察家也持同样的看法，他们预料均衡型股票和债券组合的收益率很可能回落到5%左右。[21]

这些较低的期望值与某些投资者更具野心的收益目标相冲突，他们预料未来年化收益率可能达到高个位数，甚至两位数。[22]万事皆有可能，但上述信念是不现实的。值得注意的是，所谓“好”投资是指符合期望值的投资。[23]当对未来的期望值与现实不符时，我们最终所面对的结果无论在经济上，还是在情感上，都将是令人沮丧的。

以下是我们所处困境的小结：

· 我们对我们的金融生活较之以往有更多的责任。

· 我们对谈论和了解金钱感觉不舒服。

· 我们的寿命延长了很多，所有这些问题也都将延续下来。

· 我们的大脑倾向于做出糟糕的财务决策。

· 前所未有的海量信息和选择让决策过程变得更加困难。

· 很多人遭遇经济脆弱。

· 我们的收入和储蓄潜力低于过往水平。

· 过高的投资收益是不可能的，所以届时市场不会拯救我们。

这个事态不妙。但正如我们中的很多人在面对困难情形时喜欢说的那样：管它什么呢！我们将继续下去。

现在让我们看看能做些什么吧。

第二章　适应性简化

“在我看来，通过有意识的努力提升一个人生命的价值，这种无可挑剔的能力是最鼓舞人心的事实。”

——亨利·大卫·梭罗

“我们的工作是寻找几件聪明事去做，而不是忙于讨厌的日常事务。”

——查理·芒格

人类是非凡的问题解决者。

为了在令人震惊的环境中生存下来，我们的大脑和身体已经进化了几千万年。有充分的理由可以证明，人类是地球上的优势物种，其中包括高超的语言运用、合作意愿、故事和神话创作，以及沿着时间脉络反复思考的能力。

这些成就源自一个“双过程”思维，该思维赋予了数十亿人生存和发展的权利。在本章中，我将解释为什么这种“双轨制”大脑对财富的追求如此重要。正如我们将要看到的，审慎思维的强大力量在某些因素作用下减缓下来。不过没关系。试想一下，我们正开始构建一个坚固而轻巧的系统来强化我们天生具有的能力。

对于构建这个让你的财富生活有意义的系统，我的绝招就是我提出的“适应性简化”。这是一种思维模式，承认变化和简化属于日常生活不可避免的特征，但接下来的反应是通过顺势而为和抓大放小来直面频繁的挑战。适应性简化是推动我们沿财富之路前进并获得资金满足感的引擎。

双速思维

每个人都拥有双速思维。在一种速度水平上，我们是直觉占优。在另一种速度水平上，我们是推理占优。二者结合起来之后操纵的是迄今为止最为复杂的生物体，毫无疑问，这就是你。

大脑的“双过程理论”与行为金融学（或者说做出良好金融决策的科学）之父丹尼尔·卡尼曼（Daniel Kahneman）已非常著名的“系统 1”VS“系统 2”思维有所不同。在其权威性的《思考，快与慢》（*Thinking, Fast and Slow*）一书中，卡尼曼详细阐述了“快”（系统 1）与“慢”（系统 2）思维之间的关系，这种思维将在本书中得到广泛的应用。

快大脑的电源开关是常开的。它自动而快速地运转，但我们并不知道它在做什么。[1] 它的运转在很大程度上是毫不费力的和不自觉的。它不能被关闭。

系统 1 持续监视我们周围的环境，观察什么是“正常的”和什么看上去不正常。人类需要让这世界变得有意义，而系统 1 也在持续勘测令这种意义成为可能的景观。快大脑是个初出茅庐的讲故事的人："它为在你和你周围发生的一切提供一个不言而喻的解释，把现在与最近发生的事以及对不久的将来的预期联系起来。"[2] 我们关于世界如何"运转"的模型包含在系统 1 内。

最关键的是，我们的危险意识和机遇是嵌在快大脑中的。这种"战斗或逃跑"的本能折射出几十万年以来由智人进化出我们的神经网络的译码。本能动作近乎瞬间完成，从而使我们避免危险。在可感知的紧急情况下，快大脑切换成最高速运转状态。回忆一下开车时打滑失控的时刻。在你有时间"思考"一种响应方式之前，你先做出了将车轮回正的动作。同样地，它也适用于避免损失比实现收益更难的情况。生存是至高无上的。[3]

快大脑喜欢一致性。它对确认信念有偏见，甚至在图案并不存在的情况下也能看到它们。它躲避模糊和怀疑，接受给定的分类，不喜欢思考概率问题，更偏爱特定的预测。它定位在你认为你已经知道的东西上，而忽略那些很难找到的证据。用卡尼曼的话说，"眼见即为事实"。有关我们大脑网络的一件颇具讽刺意味的事是，让世界感到安全和明智的需要可能导致糟糕的决策。

快大脑是印象、情感、直觉、冲动和感受的家园。它对增量变化比维持不变更敏感：如果你感觉不到你正在从所在的位置向前迈进，那么遥遥领先于其他人未必令人开心。与此同时，朝着一个目标前进，即使刚刚开始，也是幸福的源泉。

系统 1 是高效的，运转时几乎不需要能量。但它知道何时受到压制，而且当有需要时，会召唤更强大的伙伴。的确，系统 1 和系统 2 之间的关系是极为复杂的，但是我们不应该把它们看成是相互矛盾的。它们是互补的过程。[4]

在我们的大脑驾驶舱中，从系统 1 思维切换到系统 2 思维意味着关闭了自动驾驶并变成了手动控制。在我们清醒的时间里，这一切换过程发生得很快而且次数无法统计。如果我问你现在所在的房间是否舒适，系统 1 应该已经有了答案。如果我问你这一页书上有多少个单词，你的慢大脑就会接通电源。这项任务并不难，但它不是快大脑完成的。

系统 2 专门从事需要付出努力的心理活动。卡尼曼将这种努力恰到好处地描述为字面上的"付出"注意力，因为这种慢大脑运转时明显需要更多的心理能量——以我们系统中的葡萄糖和其他化学物质来衡量。"心力交瘁"并非隐喻。[5] 著名行为专家丹·艾瑞里（Dan Ariely）解释道："思考是困难的，有时是不愉快的。"[6]

当我们有意识地思考和做出选择时，慢大脑就介入了。这就是我们遵循复杂的规则、一次记住不止一件事、观察数据序列并将其转换为因果论证的过程。作为一个技术问题，"走路和嚼口香糖"都可以由系统 1 处理。再添加一个计算一路上行走步数的任务时，系统 2 会参与进来。行使职能，或者组织和安排（每个青少年的父母都必须处理的）所需资金时，也属于系统 2 的范畴。

慢大脑会把冲动转变成施动能力，把印象转变成信念。正如卡尼曼所指出的那样，慢大脑是“懒惰的”，而且极少与快大脑的直觉不一致。然而，“当一个问题因系统 1 无法给出答案而出现时”，系统 2 便会被动员起来。系统 1 告诉你这个世界是扁平的，系统 2 让你更好地了解这个世界。[7]

何苦这样费劲地钻研我们的脑袋呢？这是因为缺乏对思考过程的基本认识损害了我们塑造财富生活和有意义生活的一番努力。这些系统将情感、直觉、信念和决定汇集在一起，而后者反过来又塑造了我们的身份和过上好生活的能力。对系统 1 和系统 2 之间角色和关系的基本认识是了解我们所做（或未做）决策以及我们对它们的情绪反应的关键工具。[8]

四成控制力

在这样的背景下，我们现在更有理由问了：我们对自己的幸福感的施动能力有几成呢？答案是：有一些，但不具有完全控制力。我们现在知道，系统 1 对大多数刺激自动产生快速反应，产生直觉和情感。例如，获得加薪或在舞会上被拒绝的“本能”反应是可以预测的。然而，强健但懒惰的系统 2 偶尔会介入进来，故意营造理解、偏爱和身份认同。系统 1 的非自愿性质和实质性影响不容忽视，但适应性简化依赖于承认系统 2 可以用来书写我们自己的故事，只要我们认为合适就行——至少在某种程度上是这样的。

加州大学心理学教授索尼娅·柳博米尔斯基（Sonja Lyubomirsky）

认为，有 3 个因素决定了人类的满足感。[9] 它们是：

·性格：你是谁。

·环境：你面临什么。

·意图：你做什么。

比这些因素本身更令人吃惊的是它们的相对重要性。正如以下饼图所示，在我们所体验到的快乐当中，有一半来自我们内在遗传性格（和普遍意义上的情绪）的驱动，只有一小部分是由环境驱动的，如我们的年龄、性别或天气状况。这种相对重要性的平衡是由我们自己控制的。我们将分别予以讨论，因为这一平衡的后果贯穿整个叙述过程。

幸福的驱动力

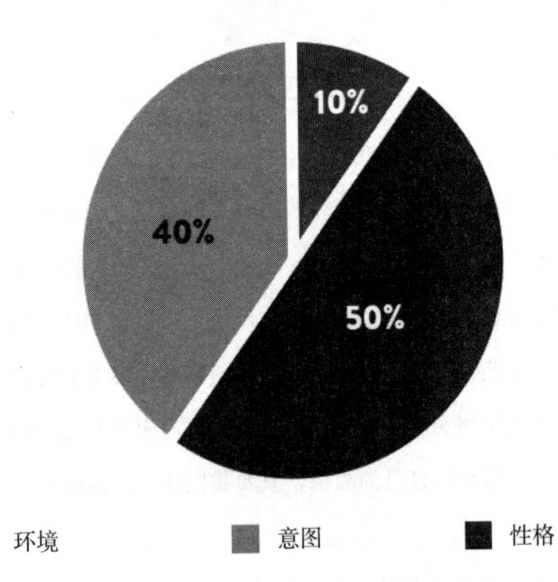

性格

性格是指我们与生俱来的特点和态度。从某种意义上说，我们天生就是这样的人。在先天与后天的拉锯战中，性格是纯粹的先天或者说遗传倾向。有人长得瘦弱，有人长得强壮，有人高大，有人娇小。我们也可以想到以下性格的对比：聪明与愚钝、尖刻与诚恳、自傲与谦卑、开朗与乖张。

说到幸福，每个人都有一个“设定点”。[10] 即使在垂头丧气或兴高采烈之后，你也会相当迅速地回到那个设定点上。研究表明，我们实现美好生活的能力有大约一半是命中注定的，而不是获得的，“就像智力或胆固醇的基因一样，我们先天设定点的大小……在很大程度上决定了我们人生旅程的幸福程度”。[11]

针对双胞胎的研究为这个命题提供了最有力的证据。[12] 研究人员注意到，甚至在那些一出生就被分开，从此在不同环境下长大的双胞胎中，他们都有非常相似的人生观和生活态度。设定点的重要性在其他地方也得到证实。弗吉尼亚大学心理学家乔纳森·海德特（Jonathan Haidt）进行了一组非常精彩的研究，旨在考察人们如何培养他们的道德和政治情感。他得出的结论是，这种情感在很大程度上是遗传下来的。我们对自己和这个世界的大部分信念都是天生的。[13] 告诉一个忧郁的人要“快乐起来”，或者试图说服一个自由主义者接受保守的信仰，他们很有可能对此置若罔闻。

环境

尽管遗传的力量强大，但我们有大部分自我界定源自生活的外部环境，如性别、年龄、种族、吸引力、健康、婚姻状况、教育水平、事业成功或富裕程度。这些都是对人生结果构成重大影响的条件，对美好生活而言，几乎没有多少被普遍接受的信念能与它们相提并论。

结果当然不是真的。

我们的一生中只有一小部分满足感——大约 10%——是由生活环境决定的。让我们稍稍思索一下这种认识。很多人经常用来定义自我的这些属性只不过是追求幸福生活的附带条件而已。不管你是住在乡村住宅还是城市单居室公寓里；不管你有完美容貌还是急需整容；不管你在享受家庭幸福还是在忍受令人讨厌的离婚大战；不管你是班上的尖子生还是浑浑噩噩的浪荡子，这些状况和数不清的其他例证对我们的终生幸福只能产生微不足道的影响。

所以我们认为，大多数界定我们的东西其实并没有那么重要。这怎么可能呢？原因在于我们习惯了一切都是差不多就可以，无论是好还是坏。大脑生来就能适应我们所处的任何环境，而且它的动作要比我们的预期迅速得多。这是一个非凡的防御机制，因为它允许我们超越生活中的大多数挫折。不幸或悲伤很少能阻碍我们向前迈进的脚步。反过来说，称心的结果或好运所产生的心理影响也会迅速消散。有时被称为“享乐跑步机”的证据是不胜枚举的。[14]

即便如此，我们自己的行为也并未表现出好像人口统计学和环境因素与持续的满足感基本不相干的样子。我们垂涎美貌、名誉、财富、成功、地位以及很多事。我们经常在脑海里走上跑步机，来一场转瞬即逝的战斗。按照柳博米尔斯基的说法："几乎所有人都笃信'幸福神话'——换句话说，相信成年人的某些成就（婚姻、子女、工作、财富）会让我们永远幸福，相信成年人的某些失败或厄运（健康问题、没有生活伴侣、没有什么钱）会让我们永远不快乐。"[15] 不过我们没有看到这方面的证据。

意图

在探讨了遗传和环境因素后，我们发现，在一定程度上我们还是能够掌控自己命运的——根据研究，这个控制程度大约为 40%。[16] 有意识的决策和深思熟虑的行动对一个人的命运有实质性的影响。你所选择的思想和行动对结果会产生重大影响。

我认为这个 40% 的估值是具有赋权效果的，原因有二。第一，这是一个足够大的数字。是的，我们每个人天生就有坚强的性格后盾，从而成为一种类型或另一种类型的人。但几乎同样水平的影响来自我们的人生规划。你当然可以把遗传和对命运的虚妄当作你自己当前处境的借口。但这本身就是一个选择，而且即便一个因此受到激励的人也几乎不知道我们每个人生来就拥有一个丰富的自我完善的工具包。

第二，意图的影响程度为我们能够或不能够做什么、什么有可能或不可能设定了合理的期望值。正如卡尔·马克思（Karl Marx）的那句名言："人类创造了自己的历史，但并非随心所欲地创造的。"[17] 人生的那张大彩票谁也无法绕过，这是我们从亲生父母那里得到的强有力的设定点。它的重要性不容被忽视或小觑。环境也不是完全没有关系的。

我们知道，在我们所能控制的和不能控制的事物之间始终存在一种平衡，这缓解了某种加诸我们身上的压力，即相信通过原始的意志力，我们可以变成另外一个人。那种做法是行不通的，所以没有必要遵守无法达到的标准。虽然我很喜欢本章开头的梭罗名言，但我们不应该忽视，这位美国独立思索的守护神让母亲帮他洗衣服。[18] 在瓦尔登湖周围安静地散步是一回事，但脏内裤是另一回事。我们都有自己的局限性，但我们都为所能为。

有条理的规划

即使承认我们对自己的命运是不完全掌控的，但这种控制力也是令人欣慰的事情。神经元、基因和环境的力量在一定程度上决定了人生结果，但这种力量不会削弱施动能力的重要性。就其本身而言，制订和实施一项计划是幸福的源泉。[19] 我们应该努力建立起法国化学家路易·巴斯德（Louis Pasteur）所谓的“有准备的头脑”—— 一种被现代社会心理学家采用的赋权概念。[20]

根据蒂莫西·威尔逊（Timothy Wilson）在《重定向》（*Redirect*）一书中的描述，那些生活得更好的人“在面对逆境时有更好的应对策略——他们直面问题而不是逃避问题，他们更好地规划未来，关注能够控制和改变的东西，而当遇到障碍时选择坚持而不是放弃”。[21] 那些在心里认真做好准备的人会有更好的人生结果。

在生活中，凡事我们开启了一次，便会重新开始无数次。复原力是很多伟大事物诞生的源头。适应能力认可对人生事件做出反应的必要性，包括那些无法预料的和讨厌的事。用威尔逊那句恰如其分的话说，它“正在改变我们赖以生存的故事”。[22]

作为保持我们的财富生活井然有序的指导原则，适应性简化在改变中获得赋权，在清晰中找到灵感。心理能量并非委婉的说法。从字面上说，这是一种有限的身体资源，所以我们希望尽可能以最有效的方式利用我们勤勉的大脑。

在极度复杂的现代生活中，我们寻找简化之道，从嘈杂中寻求解脱。颇为反常的是，我们自然而然地被复杂的事物所吸引，尤其是在类似财富这样在技术上具有挑战性的领域。我们有时认为，那些看上去棘手的问题最好通过精心编制的解决方案来解决。

如此一来，我们接触到越来越多的信息，但研究表明，我们收集的信息越多，我们做出的选择就越糟糕。[23]此外，我们收集的信息越多，做决策时感受到的压力就越大。我们不喜欢在获取新的信息的同时，却对其不闻不问。否则就感觉白费力气了。最后，过于谨小慎微会妨碍满足感。从某种意义上讲，把太多精力投入某件事情上会危害我们正在试图领悟到的价值。[24]举个例子，对消费者而言，其中一个最悲哀的根源就是比较购物：权衡多个产品线的多重属性的利弊时让人精神疲惫，有时甚至是让人沮丧的事情。[25]

在财富生活的背景下，简化意味着拥有有限数量的、清晰明确的概念，它们不仅帮助我们了解喧嚣的世界，还能推动做出迅速而合理的决策，并且意识到这些概念能够经受住不可避免的变革的力量——要知道那些力量甚至会让最好的解决方案土崩瓦解。

未来之事的形状

这些形状勾勒出路径。适应性简化是引擎，它驱动财富之旅的每个阶段。[26]第一步，我们确定目标或任务。这类事情在我们的一生中不止发生一次，在我们时不时失去前进的目标时，它会偶尔出现，修正航向。我们会适应下来。接下来，我们依靠清晰、明确的策略来确保有意义的生活。在我们的财富生活中，“待办事项”清单是无穷无尽的，所以这里的关键是优先事项。最后，我们有很多决策要做，所以简化是至关重要的。

适应性简化在行动

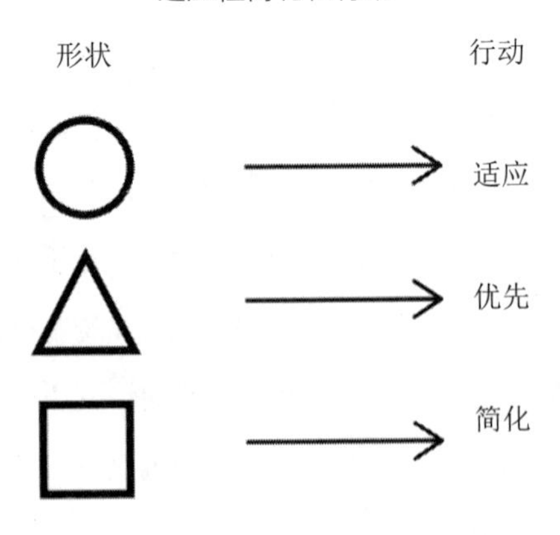

我们现在可以有意识地塑造有意义的财富生活了。

目标

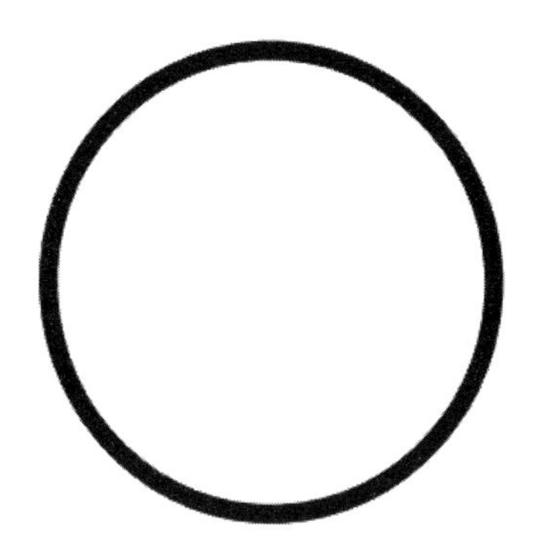

我们要在这一部分剖析幸福与财富

第三章　你应该去的地方

“生存下来的既不是最强大的物种，也不是最聪明的物种，而是最适应变化的物种。”

——查尔斯·达尔文

“七次跌倒，八次站起来。”

——日本谚语（Nana korobi ya oki）

不太好的街道

50年来，西奥多·苏斯·盖泽尔（Theodor Seuss Geisel）以不同凡响但寓意深刻的故事征服了无数读者。苏斯博士生前出版的最后一本书是1990年的《你要去的地方》（*Oh, The Places You'll Go*！）。这是一部经典之作，在《纽约时报》畅销小说排行榜上名列前茅，也是他又一部备受赞誉的作品。

从那时到现在，《你要去的地方》一书已经销售了数百万册。不过这本书在每个自然年当中销量不均，每到春天，也就是高中和大学毕业时节，会出现销量激增的情况。[1]这并不奇怪，因为它经常被认为是“成年人”苏斯博士的书，讲述了一个人的故事——主要就是讲你的——他正踏上一次史诗般的旅程，一次去往“大地方”的旅行。一路上，在苏斯博士特色鲜明的叙事节奏和色彩斑斓的绘画陪伴下，我们的主角——还是你—— 一次又一次遭遇成功和挑战：

> “无论你飞到哪里，你都是最棒的。无论你走到哪里，你都将胜过其他所有人。除非你自己浑然不知。因为，有时候你不是这样。当然正如你已经知道的，你会把事情搞得一团糟。当你迈步时，你会和很多奇怪的鸟纠缠在一起。所以当你行动时，一定要心中有数。小心驶得万年船，记住生活是一门伟大的平衡艺术。永远不要忘记你是一个灵巧而机敏的人。永远不要让你的左脚和右脚绊在一起。”

苏斯博士颇具迷惑性的启蒙书仅用 340 个字便将人生旅程的起伏和决策的好坏揭示出来。尽管有很多感叹号，但其确认信息是冷静的——事情并不总是可以得到解决的，甚至在解决的过程中，也经常需要经历一些挫折，在“不太好的街道”上钻进死胡同。苏斯博士教导我们，无论好坏，人生旅程总要继续。我们不会沿着直线走到“大地方”。即使我们一直在前进，人生的道路也是一个圆圈。

我觉得《你要去的地方》之所以长盛不衰，与其说因为它与年轻的毕业生有明显的相关性，不如说与那些人为其赋予的深刻含义有明显的相关性。随着年龄的增长，我们遇到越来越多“不太好的街道”和“奇怪的鸟”。我们领悟到，我们的挫折越多，越容易成功地站立起来。

成年人想着“大”问题而离开“你要去的地方”。我的人生旅程是什么？我要去哪里？我要走哪条路才能到达那里？如果我没走到头会出现什么情况？如果我做到了呢？

回答这些问题是我们人生中深深的暗流。它们不太可能每天都令人着迷，但我们会时不时停下来并好奇地探索一番。问题是，我们中的大多数人都不知道答案，尤其是在开始的时候。我们中的很多人可能永远都无法彻底搞清楚。即使当我们认为已经找到了答案，依然有一些事情让人心烦意乱，这时心理弹性便是必不可少的力量。“七次跌倒，八次站起来。”向前推进的决心，或者说适应的必要手段，才是最重要的。

在现实世界里，金钱最终渗透到故事中。我怎么要为其埋单呢？这个特别的旅程值得吗？我负担得起一种有意义的生活吗？把钱投入这堆事里面真麻烦。然而，这种不适恰恰是我们的财富生活如此令人担忧的原因。在我们参与挣钱、消费、储蓄和投资时，说到底我们是在试图承担我们最终选择去珍惜和争取的一切。

本书的第一步是找出你想去的地方。财富可以推动我们朝那个方向发展。

这是一种艰难的爱之瞬间：它取决于你，没有人比你更清醒。无论我还是任何其他人都无法把你带到那里。只有你才能决定爬哪座山。事实上，大多数人都讨厌被告知去哪里冒险。但这并不是说我们不希望在途中得到一些帮助。

有两条可能的帮助途径：洞悉有意义生活的内涵与管理旅程和把握方

向的过程。圆形象征我们从未真正想清楚。适应丰富多彩的人生的不可预测性是这次探索之旅的组成部分，依鄙人之见，也是旅途的乐趣之一。

幸福的极简史

想探究什么才是有意义的生活吗？几千年的文明给我们带来了浩如烟海的书卷。无数哲学家、教士和权威人士都谈到了赞美这种生活意味着什么以及这样做的条件。

在以检查清单为主题的财务规划的世界里，这是我们通常谈论“目标”的时候。在基本生计得到保证之后，我们的剧本是多少有些可以预测的：一个美好社区里的美好家庭；好好抚养你的孩子，帮助他们选择正确的方向，如果有可能，负担他们的大学学费；安乐而有尊严地享受退休生活。这些都是可以用钱买来的东西。这些目标都是泛泛的但又算不上琐碎。它们很重要，也是现代美好生活的标志。

标志，没错，但不是核心标志。相反，应该说追求和获得幸福才是核心标志。

亚里士多德有句名言，幸福是“生命的意义和目的，是人类生存的目标和终点”。它是人类的终极愿景，长期占据着人类的想象力。不仅如此，在 2000 多年后的今天，我们建立起了一个名为“积极心理学”或者说幸福科学的大规模研究领域。值得注意的是，人类幸福的古老构想正好完美符合现代心理学和神经科学所提供的理念。

在亚里士多德的《尼各马可伦理学》（*Nicomachean Ethics*）出版

2339年后，1998年，美国心理学协会新任主席马蒂·塞利格曼（Marty Seligman）发表了一次具有里程碑意义的演讲，他也被广泛认为是积极心理学之父。他的演讲是向其所在领域发出的一次感人的号召，旨在用彻底的、严谨的科学态度理解幸福，这与他自己此前所秉持“我们对生活的价值知之甚少”的观点大相径庭。这是一个大胆的主张，从哲学、文学、心理学、宗教和其他学科的角度为这一话题提供了深刻见解。那么这个演讲与什么划清界限了呢？让我们回到历史中了解这个基本的存在性探索之弧吧。

直接对话

首先，我们无法逾越“幸福”的语义：欢乐、快乐、狂喜、满足、知足、满意、快活、欢喜、愉悦、高兴、安康、欢欣、健康、开心。这些同义词都是紧贴这个话题的。维基百科的“Happiness”（幸福）网页有3000个作者和6000次编辑。无一例外，我在研究这个问题时读到的每一位哲学家和科学家都给出了各自的定义。

试图准确地确定和区分所有这些词汇便钻进了认知和情感上的死胡同。亚里士多德和他的同时代人对“*eudaimonia*”的意义进行了研究。从学术的角度来讲，它仅仅意味着幸福或安康，但其更为有力的解释是“人类的成功”，即实现自我的最佳方式。

公元前4世纪，亚里士多德对伊壁鸠鲁等人的享乐主义提出了异议，后者把幸福定义为获得快乐和避免痛苦。[2] 他认为，实现更有价值的幸福与过上美好生活有关，并这样写道："人的使命就是要过一种特定的生活……如果任何行为都表现得很好，那么它的表现是可以体现出适当美德的。如果是这种情况，那么事实证明，幸福是一种心灵与美德相一致的行为。"[3]

在亚里士多德看来，追求幸福是道德生活的一种历练。这是追求美好事物的最高体验：贯穿了正义、勇气、节制、荣誉、仁慈和谨慎。从这个角度来看，幸福更像是行动而非感觉。从某种意义上说，幸福是一种技能。

那些提升幸福感并拒绝享乐主义的人专注于快乐和/或将痛苦降至最低的时刻。他们把幸福看成某种更重要的东西，其中包含了对一个人是否实现了他们的人生潜能的反思。"美好生活"并非沉湎于短暂的快乐，而是与更有意义、更高尚的追求相结合。瞬间的快乐与富有意义的体验的持久吸引力截然不同。

下面这张图谱捕捉到了我们与幸福相关的一系列特征和情感。

体验式幸福	**沉思式幸福**
快乐	满足
范围更窄	范围更宽
持续时间更短	持续时间更长
享乐的	幸福的
局部的	全局的

一端是体验式幸福，它属于享乐主义的战利品。它是情绪或情感：你是高兴呢还是郁闷呢？你刚刚在大热天吃了一个冰激凌蛋卷，或者陶醉地坐在影院里看了部大片。你在哥斯达黎加乘坐了高空索道或徒步横穿了黄石公园，从而完成了一项遗愿清单。你刚刚和老婆吵了一架，或输掉了一场业余篮球比赛。这些令人愉快或悲伤的时刻主要源于我们的系统 1——“快”大脑。体验幸福或悲伤不费吹灰之力。

图谱的另一端是沉思式幸福，也是就是亚里士多德眼中的幸福——“*eudaimonia*”。它是一种更深层次的满足感。我将在下一章详细介绍，这种幸福可以与其他人构建起更密切的关系，以一种最令人称道的技艺缔造卓越，自行做出选择以获得自由，或在更伟大的慷慨之举中找到目标。只要牵涉到深刻的内省，获得这些体验可以产生的满足感是需要系统 2 思维支持的。

沉思式幸福听起来比体验式幸福更有深度。坦率地讲，它听起来更重要些。然而，在大多数情况下，追求体验式幸福更让我们着迷。神经科学家塔里·夏洛特（Tali Sharot）认为：“我们的幸福感在很大程度上不受反思人生的影响，而是受到我们内心不断产生的情感洪流的影响。”[4]

辨别图谱两端的快乐和满足可以借助时间维度。体验式幸福发生在此时此地。它的影响持续时间较短，可供使用的题材（冰激凌蛋卷或索道）通常只有很窄的范围。更深层次的满足感可能持续更长的时间，因为它们通常以更广泛的参与为基础。

希腊人之间的早期辩论发生的时代背景是：在那个时代里，个人自由、技术和工业等现代概念实际上是闻所未闻的。即便如此，这份遗产依然很重。现代幸福科学将享乐主义和幸福主义放在一起研究，探索每种思想在大脑中的运转方式，包括两者之间的关系。当然，这门科学比神经学上的一个简单分支要复杂得多，但正如我们从当前积极心理学的大部分学术成就中可以看到的那样，这种区分为我们提供了很多研究思路。

现代

从那时到现在，很久没有发生什么大事了。古希腊罗马文明衰落之后出现的所谓黑暗时代令这些争论停滞了大约 1000 年的时间（至少在西方文明中是这样）。后来发生了很多事情：宗教改革、文艺复兴和启蒙运动不仅恢复，而且加速和扩大了对话。

直到具有现代思想的个体出现以后，现代幸福观才开始崭露头角。从 16 世纪时缓慢开始，到 18 世纪时加速，社会秩序发生了彻底重构，其间，有声音直面传统社会秩序下的国家和宗教，个体——至少在原则上——逐渐地被赋予了权利。只有在“个人时代”（Age of the Individual），对幸福的追求才披上了现代的伪装。以不同剧本呈现的被视为追求合理的个人幸福的力量包括天主教正统教义改革、资本主义和现代科学的早期萌芽，以及以往的卑贱者逐渐参政。

更为重要的是，18 世纪末的大革命激发了人们对个人自由的政治追求，直到那时，个人自由才通过理论明确表达出来。例如，杰米里·边沁（Jeremy Bentham）的功利主义主张更大幸福的原则，这种理念是：当行动促进幸福时，行为是道德的（“功利”）；当更多的人享受更多的幸福时，社会得到改善。在当时，这是真正激进的思想。有关“自由”的全球大辩论以及之后二三百年的“人权”，都是始于这个时代的。

没有哪个国家比美国更注重表达启蒙思想。尽管有夸大之虞，但都从这句话开始：

> “我们认为下述真理是不言而喻的：人人生而平等，造物主赋予他们若干不可让与的权利，其中包括生存权、自由权和追求幸福的权利。”

《独立宣言》的第二句话是人类历史上的一个分水岭。也许它是如此根深蒂固地植根于美国文化中，以至于人们很难充分理解它是有史以来具有革命性的书面文字之一。它的文字简单明快，就像一把匕首直刺传统政治和社会秩序的中心。它的激进主义体现在宣告个人（是的，它说的是“个人”，当然这份宣言由奴隶主起草的说法是否属实仍然有争议）拥有决定自己的命运和追求幸福的自然权利。

无论在政治话语还是在社会结构上，这种情感都激发了之后几代人的期望。奴隶制的日薄西山、个人自由和自我决定权的兴起，乃至人权的出现，这些都是个人时代启蒙运动的产物。尽管曾经有过例外和倒退，但过去逾 250 年的宏大历史走势已逐渐营造出一种新型的社会环境。在这种社会环境中，个人满足感既是合理的，也是值得拥有的，它不仅作为一种私人事务，而且作为一种公共政策。

美国作为20世纪的全球文化力量是这个历史轨迹的重要组成部分。第二次世界大战后，美国的主导地位不仅体现在经济和军事层面，也体现在文化层面。唯物主义价值观和现代消费者的出现是其文化的重要支柱。可以列举一些20世纪有些古怪的美国发明：《生日快乐》歌、“开心乐园餐”①“地球上最快乐的地方”②“积极思维的力量”③“自助”产业和现代广告业[包括广告人哈维·鲍尔（Harvey Ball）在1963年发明的黄色笑脸]，这些因素与其他因素一起令一种特殊形式的幸福——一种以消费者为中心的幸福观——走向流行。

的确，1967年的一项著名研究将幸福的人定义为：“年轻、健康、受过良好教育、待遇优厚、外向、乐观、无忧无虑、有宗教信仰、已婚、自尊心强、工作热情高和踏踏实实的不同性别和智力水平的人。”[5]换句话说，如果你在《迪克·范·戴克秀》（*The Dick Van Dyke Show*）或《家有仙妻》（*Bewitched*）④中担纲主角，你的形象便相当不错了。

时间快进到20世纪末，这种甜蜜的观点成为马蒂·塞利格曼新幸福科学的研究对象。他与同时代的研究人员和执业医师一起，致力于将心

① 指麦当劳。——译注

② 指迪士尼乐园。——译注

③ 指诺曼·文森特·皮尔（Norman Vincent Peale）所著《正面思考的力量》（*The Power of Positive Thinking*）一书。——译注

④ 两部经典美剧。——译注

理学从被动转向主动，以便“向世界展示什么行为能塑造幸福、积极的个人、繁荣的社区和公正的社会”。

在其 1998 年的演讲中，塞利格曼认识到了这种趋势。为了确认通往更美好生活的途径，他提出了两个棘手的问题。第一个问题是在空前繁荣的时代里普遍抑郁的背景。他称之为“20 世纪末的重大悖论”，尤其表现在长期的悲伤影响了太多年轻的美国人。“开心乐园餐”和迪士尼乐园并非解决问题的良策。

另外，塞利格曼指出，现代心理学主要是因第二次世界大战后的巨变发展起来的，当时很多人都在努力尝试着恢复他们的生活。精神病理学主要关注人们如何忍受并从悲剧中恢复过来，而不是“正常人如何在更良好的条件下精神焕发”。

个人时代已经有大约 500 年的历史，但这门试图诠释个人满足感的科学依然年轻。它已经积累了大量令人着迷的文献。[6] 这项条理清晰且资源丰富的研究成果——回答了对美好生活真正重要的问题——将在下一章中为您展示。

第四章　关键所在

“人类生存的秘密不仅在于努力活下去，而是找到生活的目标。”

——费奥多尔·陀思妥耶夫斯基

4C

如果仔细梳理亚里士多德当初的辨析，你会发现幸福感和喜悦感引入了另外一种关键动力。虽然幸福感（此处指体验式幸福）与日常的欢乐形影不离，但喜悦感（沉思式幸福）起主导作用。[1]根据各自的传统，天主教和佛教都认为没有抗争，或许是没有磨难，便不会有喜悦。喜悦似乎还有门槛费。

那么现代幸福科学告诉我们什么值得为其付出呢？如果财富被定义为资金满足感，那么我们需要知道我们准备资助什么。

令我感到困扰的是，美好生活的内涵并非仅仅是从开始写作这本书时得到的一种历练。和其他人一样，“幸福意味着什么”“什么是值得拥有的人生”等很多问题都是我反复思考和以不同形式思考的，这种尝试从我小时候就开始了。我敢说，同样的情况也发生在你身上。为此我也花了无数时间，翻阅了许多涉及这个大命题的学科资料。基于这一点，我开始相信存在 4 种持久的快乐生活源泉。

我将它们称为：联系、控制、能力和环境。

·联系（Connection）是归属的需要。

·控制（Control）是引导一个人自己命运的需要。

·能力（Competence）是游刃有余地做某种值得做的事情的需要。

·环境（Context）是追求个人目标之外目标的需要。

在我们剖析财富与人生意义的联系时，4C 恰恰是不可或缺的要素。它们处在资金满足感的核心位置。让我们逐一审视一下。

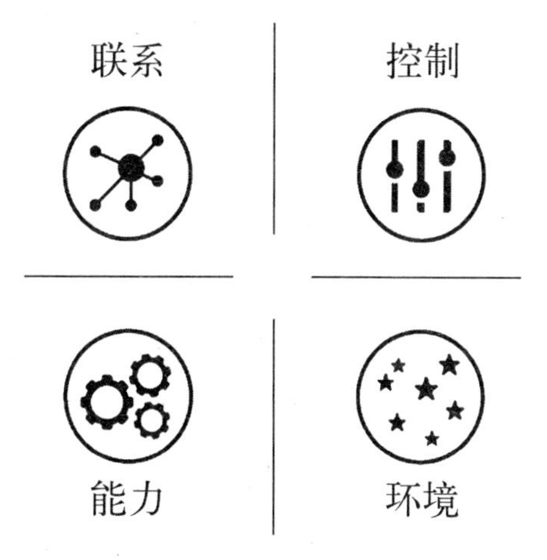

联系

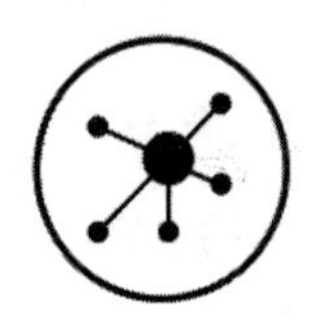

联系

我有时喜欢带孩子们步行上学。短短5个街区的路程，牵着女儿的手，倾听她的故事，回答儿子无止无休的各种问题——通常是体育方面的——这让我感到快乐。也许有一天我会厌倦这种喋喋不休的说话，但我对此表示怀疑。当我们拐过街角，来到校门口，踏进孩子、家长和老师的人群海洋，看到他们都聚集在操场上，等待开学铃响起，我也感到高兴，尽管不那么强烈。

当我融入这熙熙攘攘的人群时，我欣喜地见到一些邻居、朋友，因为我知道他们都是很好的人，与我有很多共同的价值观和愿望。对于我和我的家人而言，我们所居住的繁华的芝加哥北区是一处很特殊的所在。我和妻子在这个社区很活跃，我们抽出时间为学校和在地方具有影响力的其他社会事务募集资金。当我拐过街角，看到我的孩子们冲向他们的好伙伴时，站在人头攒动但依然有秩序的学校操场上，我想我可以感觉到，这里是我心有所属的地方。这里是我的家。

人是社会性动物，我们拥有不可动摇的归属感。为了感觉到自己的存在——而且回首千百年来，为了生存下去——我们必须属于一个社区。

这个社区提供安全、身份和人生意义。部族主义是人类生活的一个基本事实，[2]它超越了时间和文化。

在《社交天性：人类社交的三大驱动力》(*Social: Why Our Brains Are Wired to Connect*）一书中，神经科学家马修·利伯曼写道："我们大脑的进化不仅仅是为了思考，不仅仅是为了解决问题，也是为了与他人联系，我们是具有社交天性的。"这是一个迷人的论点，因为现代科学有能力让我们通过数字成像技术真实看到联系的力量。利伯曼认为，联系的需要与我们对食物和住房的需要同等重要。

> "我们的社会性被编织成一系列的信念，即纵观哺乳动物的历史，进化是反复发生的。这些信念是以经过选择的适应性的形式出现的，因为它们促进生存和繁殖。而这些适应性增强了我们与周围人的联系，提高了我们预测他人心智活动的能力，这样我们便能与他们更好地协调和合作……这是我们的大脑天生拥有的本事：与他人接触和互动。"[3]

这种说法非常新颖：作为人类，我们是谁，相信大家都不会表示怀疑。按照通常的理解，人类社会并非始于心智完全成熟的个体，然后个体在这个世界上找到属于自己的人生道路。而这种说法认为，与他人的联系创造了我们作为个体的身份——这是对公认观点的彻底颠覆。甚至推理能力也进化成了解决社会问题的能力。"理性是对人类自我进化所形成的超社会生态的一种适应。”[4]当我们认识到那些看上去属于个体基本功能的事实际上是由社会联系驱动的时候，那么部族主义如何界定我们每一个人就不足为奇了。

社会纽带对于有意义的人生是极为重要的，而相关证据也是难以辩驳的。[5]著名心理学家蒂莫西·威尔逊认为：“有关幸福的研究会告诉你，人类幸福程度的首要预测因素是其社会关系的质量。”[6]道德哲学家乔纳森·海德特说，积极心理学可以用一句简短的话来概括：“其他人很重要。”[7]杰出的幸福研究人员爱德华·迪纳（Edward Diener）根据经验得出结论，将朋友、家庭和社区牢固而频繁地维系在一起的社会关系与幸福高度相关。[8]

针对联系的对立面——孤立与孤独——的研究也可以证明这一点。一个多世纪前，作家艾米丽·狄金森（Emily Dickinson），这位多年从未离开家门（甚至她的卧室）的传奇隐士，将孤独描述为“无法丈量的恐惧”。尽管有她的警告在先，但现代科学已经深入探究了长期孤独的本质并记录下了它是如何在情绪上和身体上给我们带来痛苦的。在孤独和抑郁之间存在已被证实的神经学联系。[9]孤独与血压升高、紧张程度增加以及免疫系统降低有关。[10]它还加速智力衰退——尤其针对老年人而言——并阻碍青少年的发展。[11]

一般来说，深层次的归属感并未告诉我们构建这些联系所涉及的具体范围或抽象程度。我们可以享受用血缘联系起来的亲属关系，与少数几个人的密友关系。就像我所在的那个小小的芝加哥社区一样，我们都是属于当地社区的一分子。

从地理学上讲，许多人都深深眷恋着他们所在的地区，尤其是他们的国家；信仰、爱国主义和民族主义是最强烈的人类特征。我们的利益也使我们团结在一起。从环保事业到体育运动队（我是钢人队球迷团①的荣誉会员），再到业余爱好社团（划船、下棋、网络游戏、爱狗人士），将你自己与任何事物联系起来都是人生有力的激励因素之一。数量众多的和存在重叠的会员身份或许给予我们多重归属感——也许是爱心、安全感、身份或某种目标（一个重要的社会学趋势是这些社会关系的弱化）。[12]

引起我们重视的不仅有与他人的联系，也有我们感知为与众不同或威胁的与他人的对立。巨蟒剧团的《布莱恩的一生》(*Life of Brian*)②是有史以来荒谬的喜剧作品之一，其中有一个荒谬的小细节：两个团体——人民朱迪亚阵线与朱迪亚人民阵线——相互对立。他们拥有完全相同的目标（从罗马人手中解放朱迪亚③）；他们的名字基本相同；他们看上去非常相像；但他们却是死对头。可以想见，他们的敌对是荒谬的。他们也就是在名称上互为“他者”，毫不夸张地说，除此之外便再也找不到成为对手的借口了。我想，奶酪制造商有福了④。

事实上，在历史上群体内和群体外的冲突始终是备受关注的主题，

---

① 美国职业橄榄球联盟匹斯堡钢人队的球迷团体。——译注

② 巨蟒剧团是英国著名的超现实幽默表演团体，而《布莱恩的一生》是该团体的一部经典电影。——译注

③ 古巴勒斯坦南部地区。——译注

④《布莱恩的一生》中的一句台词。——译注

而且这种冲突也比巨蟒剧团的喜剧冲突激烈得多。哈佛大学神经科学家和哲学家乔舒亚·格林（Joshua Greene）在《道德部落》（*Moral Tribes*）一书中阐明，对立的身份是非常有力量的。[13]群体之间的竞争是个体身份的强大动因。按照尤瓦尔·赫拉利在《人类简史：从动物到上帝》（*Sapiens*）一书中给出的解释："智人的进化让人想到人是可以分成我们和他们的。'我们'便是你周围的群体——无论你是谁——而'他们'是指其他人。事实上，没有任何社会动物是受他所从属的整个物种的利益驱使的。"[14]

对于我们这些更高级的动物来说，我们和他们的数量是数不胜数的。基督徒 VS 穆斯林 VS 犹太人，新教徒 VS 天主教徒，逊尼派 VS 什叶派；美国人 VS 俄罗斯人，印度人 VS 巴基斯坦人，民主党人 VS 共和党人；劳动者 VS 资本家；瘸帮 VS 血帮；①皇家马德里队 VS 巴塞罗那队，钢人队 VS 孟加拉虎队。不费吹灰之力，你便可以再举出 10 组例子。

难道我们不能像罗德尼·金在可怕的 1992 年洛杉矶种族暴乱之后恳求我们的那样和睦相处吗？我看未必。部族主义是根深蒂固的，如果没有了"他者"，没有哪个群体还能紧密联系在一起。就各种形式的满足感而言，接受是有代价的。在没有流血冲突的情况下，就希望触及更深的意义层面是不太成熟的想法。

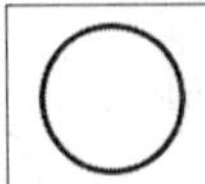

社会联系是人生意义的深层根源。

① 美国两大黑帮。——译注

控制

控制

人们都有控制欲。我们想要决定自己的命运。我们不希望别人告诉我们该怎么做。我们不可思议的自我决定和自我界定的本能是人类境况不可磨灭的品质。

任何生物体最深层次的本能都是生存。我们有身体的需要——食物、水、氧气——它们让我们拥有繁殖的能力。但我们也有固有的心理需要。其中一个是我们刚刚讨论过的，即联系的需要。另一个是对自主权的需要（是的，那些需要是有矛盾的——我们将在本章的最后解决这个问题）。我们希望自由选择我们想要的生活，以及那些对我们重要的生活。

在 1958 年的一次有关自由本质的精彩演讲中，哲学家以赛亚·伯林（Isaiah Berlin）描述了这一必要性。

> "我希望我的生活和决定取决于我自己，而不是任何形式的外力。我希望成为我自己，而不是他人意志行为的工具。我将是一个主体，而不是一个客体；被我自己的理由感动，而不是被从外部影响我的原因感动。我希望成为一个重要人物，而不是无名小辈；一个实干家——自己做决定，而不是由别人来决定；自我指导，而不

是按照外界或其他人的指导行事——就好像我是一件东西、一种动物，或者一个不能扮演人类角色的奴隶。”[15]

研究成果支持伯林所描述的价值。爱德华·德西（Edward Deci）和其他人所做的一项研究显示，与被告知做什么或应注意做什么的人相比，那些设定自己目标的人更加投入地从事自己的工作、学得更好或做得更好，并发现更多的乐趣。[16] 那些拥有自主权的人把更多精力投入到工作中，这种真诚的努力不仅产生更好的外部结果，而且产生内在的满足感。相反，对胁迫或义务的反应是不令人兴奋的，甚至是令人泄气的。

当然，我们仍然重视控制，即使它是虚幻的。几年前，心理学家埃伦·兰格（Ellen Langer）揭示了人们高估自己控制事件能力的倾向。兰格和其他研究人员展示了这种幻觉是如何驱动人做出看上去奇怪的决策的。例如，在一次彩票测试中，受试者随机获得一张彩票或被允许自行选择一张彩票。彩票的赔率是提前确定好的，而且所有彩票的赔率——不管是随机的还是选定的——在数学上是完全相同的。然而，那些自己选择彩票的人对获奖表现了更大的信心。他们也不愿意在不同的赌博游戏中交换那些拥有更高中奖机会的彩票。即使我们看到我们无法控制局势，但我们依然相信自己。

在一个人的自由感和幸福感之间似乎存在强烈的关系。密歇根大学的政治学家罗纳德·英格哈特（Ronald Inglehart）在一份历时 40 年的全国调查分析报告中指出：“经济发展、民主化和社会宽容度的提高使人们意识到他们有一定的自由选择权，并反过来导致世界范围内更高水平的幸福感。”[17]

虽然从直观上看，这些发现是有道理的，但它们具有局限性。首先，虽然更多的自由和选择听起来不错，但它们的回报却在减少。在生活的很多领域，如投资、消费、教育、健康、休闲等，我们都可以看到临界点，太多的选择会破坏幸福感。心理学家巴里·施瓦茨（Barry Schwartz）提出的“选择的悖论”表明，我们渴望更多的选择，但我们拥有的选择越多，却变得越痛苦。[18]这种见解与马蒂·塞利格曼的观点相符，即尽管经济火爆、繁荣，但沮丧的浪潮已经席卷了西方世界。

其次，我们不应该把自主权误认为希望获得不受约束的自由。当然，有些人希望做自己想做的任何事并将自己这样做事的能力视为自然权利。但在艾茵·兰德（Ayn Rand）的小说中扮演卡通英雄并不是寻找人生意义的关键。事实上，有时微小的或者陷入完全解脱状态的、稍纵即逝的自由才能诠释生活的价值。

有关人性的一个最大的悖论是：对自由的劫掠可以彰显人类精神的价值和复原力。我们都听过一些无论在生活上还是在艺术性上最能体现人生真谛的故事，看清了对身体自由和基本权利的剥夺。以下是几个令我感觉意义非凡的例子。

> 纳粹集中营幸存者维克多·弗兰克在《活出生命的意义》（*Man's Search for Meaning*）一书中写道：“我们这些生活在集中营里的人都

会记得那些从棚屋前走过，安慰别人，并送出最后一片面包的人。他们也许人数寥寥，却提供了充分的证据，证明可以从一个人身上夺走一切，唯有一件事除外：人类最后的自由——在任何特定环境下选择自己的态度，选择自己的道路。”

苏联古拉格[①]幸存者亚历山大·索尔仁尼琴则在《古拉格群岛》（*The Gulag Archipelago*）一书中这样写道：“只有躺在腐败的监狱稻草上时，我才感觉到美好的情感在内心深处涌动。渐渐地，我发现善与恶的分界线不是穿过国家，也不是穿过阶级或政党之间，而是穿过每个人的心，穿过所有人的心……这就是为什么我回首被囚禁的年代，有时不管那些人惊讶的眼神而是自顾自地说：‘祝福你，监狱，因为你永远存在于我的生命中！’”

詹姆斯·斯托克代尔，北越战俘营幸存者，在4年的监禁和折磨期间写下了《战火下的勇气：徜徉在埃皮克提图和古老的斯多葛学派的世界里》（*Courage Under Fire: Channeling Epictetus and the ancient Stoics*）。他在书中写道：“每个人都带着他的善与恶、他的好运、他的霉运、他的幸福和他的不幸……这里充斥着苦难——为自我毁灭而懊悔。”

在小说《肖申克的救赎》中，安迪 ·迪弗雷纳说：“真的，我猜归根结底这是一个很简单的选择。要么匆匆忙忙地过活，要么匆匆忙忙地赴死。”

① 苏联政府的劳改机构。——译注

一个人洞悉自己的困境、控制自己的态度并应对逆境的能力是不可思议的内在力量的源泉。[19]

我们想要掌控自己的生活经历。人生的意义最终存在于我们自述的故事中。其实我们就是自身使命的作者，有机会编辑那些自己看着顺眼的故事。那些既拥有明确身份又拥有明确使命的人显然身上背负着很好的故事素材，他们比那些什么都没有的人更容易感到满足。[20]故事赋予我们一种目标感，尤其当叙事弧线向未来进步一方弯曲时。当我们相信我们正朝一个目标迈进时，我们便找到了人生的意义和动力。我们可以接受最前沿的神经科学，现在所说的“未来自我”——我们将在最后一章中介绍这个概念。

在规划和适应周期内，表现出意志力（先于事实的控制力）和复原力（事实之后的控制力）是关键。[21]在由马克·西里（Mark Seery）领导的一项长期的大规模研究中，研究人员发现，“那些经历过某种人生逆境的人报告称，他们比那些经历过很多次重大人生逆境的人以及那些没有经历过人生逆境的人拥有更好的精神健康和福祉”。[22]

在另外的研究中，心理学家安吉拉·达克沃思（Angela Duckworth）注意到，尽管西点军校的新学员已经是最合格的和最受褒扬的美国年轻人了，但还是有很高比例的人在被录取几个月后便辍学了。达克沃思认为，激情和毅力的结合，也就是所谓的“勇气”，将成功者与失败者区分开来。那些态度端正的人生存下来。虽然在我们的文化中，“只要没被摧毁，我们会变得更加强大”是一句已经听腻了的话，但它确实是至理名言。

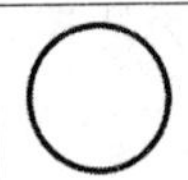

指导和定义你的人生的能力是人生意义的深层根源。

能力

能力

20年来，香农·马尔卡希（Shannon Mulcahy）一直受雇于莱克斯诺（Rexnord），这是一家专门生产汽车和其他机动设备零部件的跨国公司。《纽约时报》在头版刊登了一篇有关香农的特写。她的故事在现代全球资本主义浪潮中简直太普通不过了。[23]

25岁时，香农来到莱克斯诺印第安纳波利斯工厂，当了一名钢铁工人。尽管连高中都没毕业，但香农还是在工厂里干得风生水起，成了定制轴承制造专家，但这门手艺既有技术性又有一定程度的危险性。

2016年，莱克斯诺宣布将其在印第安纳的业务转移到两个不同的工厂，一个在得克萨斯，另一个在墨西哥。在失去工作的同时，香农遭遇双重损失。首先，她失去了收入。显而易见，她有很多账单要付——包括抵押贷款、电费、汽油费、食品，以及女儿上普渡大学的学费，还要照顾一个长期患病的孙子。

其次，是身份和自尊心的丧失。在充斥着离婚、辱骂，有时还有濒临贫困的动荡生活氛围里，钢铁工人的身份便是一座靠山。香农形容这份工作为她提供了“某种自我价值感”。它就是她的“救星”。即使工厂变得萧条了，她还要接受培养接班人这项令人沮丧的任务，她说：“我仍然在乎这件事。我不知道为什么。它变成了一个身份。它是你的身体的一部分。”

显而易见的是，我们工作是为了赚钱，我们工作是为了付账单。香农的收入损失是毁灭性的。正如我们将在本书后面的章节看到的那样，劳务收入将支撑起“更好”或“更幸福”生活的阈值。

但工作有时不仅仅意味着一份薪水。我们在生活中所“做”的事是具有深刻含义的。它定义了我们。（当你遇到陌生人时，你经常被问到的第一个问题是什么？）擅长做你所关心的事是获得人生成就的深厚源泉之一。当我们能够磨炼我们的手艺，脱颖而出，并看到它对我们周围的世界有积极影响时，那种感觉真好。
当我们的劳动不受重视、不受尊重，并因不幸或恶意遭到破坏时，
我们的心灵里就留下了一个令人痛苦的孔洞。通过我们的工作来表达和做出贡献的需要是无可争辩的人生意义之源。

20世纪70年代初，在工业化浪潮席卷美国之际，专栏作家和评论家斯图兹·特克尔（Studs Terkel）在《工作》（*Working*）一书中调查了美国工人的工作情况。[24] 虽然是将近半个世纪前的事了，但他的观感与香农·马尔卡希和其他人今天的经历一样真实。正如特克尔所观察到的，工作“就是和每天的面包一样寻找日常生活的意义，像钞票一样获得认

可，为了博得惊讶而不是麻木的表情。简言之，追求一种有品质的生活，而不是那种从周一到周五行尸走肉般的生活”。

那么为什么很多人对工作感到痛苦呢？因为当他们发现工作没有吸引力、没有意义或不刺激时，就会出现这种情况。另类经典电影《办公室空间》（*Office Space*）便精彩呈现了现代公司的场景。在这间乏味的科技公司里，员工们每天大部分时间都是在填写“TPS 报告”，并把表格从一个部门传送到另一个部门。这部电影很有趣，因为它几乎就是所有工作的真实写照，至少部分如此。事实上，研究表明，只有一小部分劳动力高度投入到他们的工作中。麦肯锡咨询公司的报告称，在一些国家，这个数字只有 2%—3%。[25]

什么可以激发工人的工作热情呢？我们需要支付账单，我们需要谋生。在这种情况下，人们可能期待更高的收入或得到晋升，我们的反应是更加努力地做好工作，要多合作、少折腾。同样地，当降职或减薪来临时，我们将不再努力工作或工作变得懈怠。

然而，这种直觉很大程度上是错误的。在一组经典的实验中，为了完成一项有趣的活动，那些接受金钱奖励的人后来比那些在没有奖励的情况下完成相同任务的人缺乏内在动力。正如组织专家丹尼尔·平克（Daniel Pink）在《驱动力》（*Drive*）一书中指出的那样：“我们总觉得可以以可预见的方式对奖励和惩罚做出反应，殊不知这是我们生活中存在的一个最大误解。”关注外部奖励和惩罚会消灭内在动力、降低绩效、摧毁创造力、排挤良好的行为、鼓励作弊、使人上瘾和培养短视思维。[26]

研究表明，胡萝卜加大棒策略影响有限，而对内在动力提供正反馈会产生强烈的积极影响。“威胁给与惩罚、最后限期、评估和监督都削弱了内在动力，而为人们提供选择，以及承认他们的感受和看法，往往会增强他们的内在动力。”[27] 正是内在动力——包括一个人手艺的精通程度和由此带来的乐趣——真正提升了个人和整个组织。

没有某种竞争的感觉，没有真正的努力，工作就不会变得有意义。著名激励专家卡罗尔·德韦克（Carol Dweck）写道：“努力是为人生赋予意义的事物之一。努力意味着你关心某件事，它对你很重要，你愿意为之工作。如果你不愿意珍惜有价值的事物，并致力于为之付出努力，那么你将过一种贫穷的生活。”[28] 德韦克令人信服地辩称，努力本身应该受到重视。我们在控制要素内看到的勇气、意志力和复原力也很重要。

当幸福和人生意义可能出现分歧时，能力便可以很好地体现出其价值。对我们中的很多人来说，想取得最有意义的职业成就需要付出艰苦的努力和牺牲。它没有“乐趣”，或者至少不符合“乐趣”的传统定义。的确，我一生中最有意义的工作成就都是经历了一个相当痛苦的磨砺过程之后才走向成功——完成我的研究生论文、不停地四处寻找大笔投资、通过注册金融分析师的考试、写我的第一本书。这些都是苦中有乐（苦乐自知）的经历，给我留下了鲜明的记忆，并吸取了的丰富的经验教训。

重要的不是工作，而是努力地工作。

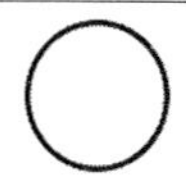

擅长做你所关心的事是获得人生意义的深厚源泉。

环境

环境

1968年4月3日，小马丁·路德·金（Martin Luther King Jr.）在田纳西州孟菲斯面向一大群人发表演说。他用高超的演讲术大声疾呼："我们的世界正在发生一件大事。人民大众正在觉醒。"他谈到了进步、团结、斗争。他在谈及伸张正义时，意志坚定，但不是报复。他沉溺于想象和恐惧当中，并用下面这些话结束。

> "我不知道现在会发生什么。在此之前，我们已经经历了一些艰难的日子。但现在对我来说真没什么，因为我已经到过山巅，我不在乎。和任何人一样，我也想长寿。长寿是很合理的想法，但我现在并不关心。我只想按上帝的旨意行事，他让我爬到山巅，我已经看过了，我看到了应许之地。我可能不和你们一起去那里，但我想让你们知道今天晚上，我们，作为一个民族，将到达应许之地！"

第二天，金博士被暗杀，年仅43岁。

他的助手安德鲁·扬（Andrew Young）后来说："他一直就知道说不定哪一次演讲将成为他的最后一次演讲。"[29] 在安德鲁·扬和其他人的心中，或许包括金本人在内，有一种无法逃避的感觉。通过他的言行，他敏锐地意识到他所面临的危险。他睁大眼睛，迈步前进，清楚地认识到某种比自己更重要的东西已经危如累卵。

自古以来，牺牲，甚至殉道，都是人类社会结构的一部分。我们要牺牲某些超越自我的东西，因为我们有更高的目标。我们希望——实际上是需要——将我们的一生融入一个更广阔的环境中。按照马蒂·塞利格曼的说法，人们想要获得“人生的意义和目标”。为了达到这个目的，便要“从属并服务于你认为比你自己更大的东西”。[30]通往“繁荣”而不是“凋敝”的道路上的岔路口是用目标来标记的。

国王的目标可以从其精神和世俗的决定中找到。依附于某种更大的东西可以有多种形式，而宗教和灵性始终是最重要的。人类仰望苍穹，从表象上寻找生命中最大奥秘的答案。犹太学者亚伯拉罕·赫舍尔（Abraham Heschel）说过一句非常优雅的话：“宗教始于我们探索万物的意识。”[31]我们因寻找奇迹而生。几千年来，信仰一直是我们在寻找的那颗“北极星”。

然而天空中还有其他星辰。无数男人和女人为国家或部落献出了生命。我们口口相传和读到的故事有多少是专注战争的胜利和牺牲的呢？在生活中和文学作品中，好人为他人而战，坏人为自己而战。英雄因所处的环境而定。

交集

作为目标的表达方式，信仰和爱国主义打开了一扇门，我们借此可以探讨包罗万象的环境特征。从某种意义上说，环境是盛装幸福的“大筐”。请看这个图形。这便是我所想象的4C重叠和相互影响。

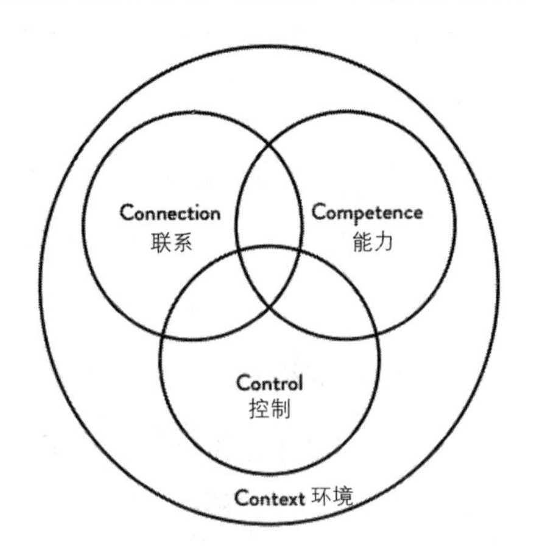

三个圆相交，并处在环境的包围之中。人们可能以为，环境是与其他三个圆重叠的第四个圆，但当前的心理学似乎表明，对某种比自己大的事物的依附将其他元素包含其中。

我们每个人如何确定最重要的事物？当我们驾驭人生的起伏时，在潜意识中是以个体或组合的形式加入其中的。我们都涌入阻力最小的道路。工作不顺利了，但我们还有家庭。婚姻亮起红灯，但至少你还有朋友。凡此种种。一座港口可以抵御任何风暴。

有交集就有协同。其一，在宗教方面，当宗教信仰与宗教归属结合在一起时，在联系和环境之间便可能出现强大的相互作用。乔纳森·海德特敏锐地观察到："如果将宗教的起源放在一边，那么几乎所有宗教都已成为集活动、故事和规范于一身的文化复合体，这些元素共同作用，抑制自我，并将人们与自我之外的事物联系起来。"[32] 其二，就像民族和部落都根植于常见的神话中一样，联系和环境与民族主义也存在类似的组合。但是，民族独立或自决的斗争也与控制不无关系。其三，可以举一个体育的例子。体育运动融合了能力和联系。如果你听过对那些前职业运动员的采访，便会发现他们都会说，回忆起打球的日子，他们最想念的与其说是这项运动本身，倒不如说是昔日的队友情。

这张图不仅突出了协同效应，也凸显了深层次的紧张关系。最显著的是自我与群体之间、控制与联系之间的冲突。你想规划自己的人生道路还是跟着群体一起走？在平凡的层面上，几乎每一部反映青少年焦虑情绪的电影都在展示社会压力和"做你自己"之间的紧张关系。我们每个人都能在《早餐俱乐部》(*The Breakfast Club*) ① 中对号入座。在严肃的层面上，这种紧张关系可能是生活压力和悲伤的主要来源。

这种紧张局面是无法解决的，它就存在于我们遗传密码中。一些人认为——最引人注目的当属理查德·道金斯（Richard Dawkins）在《自私的基因》(*The Selfish Gene*) 一书中的表述——个体生物体是自然选择和进化的主要单位。其他人也提供了令人信服的证据，证明群体是自然界的基本单位。[33] 我不是进化生物学家，所以不可能知道谁是对的。但

① 1985 年拍摄的一部美国经典青春喜剧电影。——译注

我确实看到了一条更简单的前进道路：为了获得更深层次的满足体验，我们的人生使命必须是自我导向的，而不是利己主义的。刀锋锐利：拥抱和拒绝自我只在转瞬之间。[①] 布琳·布朗（Brene Brown）为我们指明了某种方向，她这样写道："真正的归属感要求我们充分相信并归属我们自己，这样无论我们成为某种事物的一部分，还是在必要时独自承担，都会受人尊敬。"[34]

你在哪里找到自己的归属感？在某个小角落里，还是在交叉点上？它在你的人生经历中是如何改变的？这些经历是一种有意识的活动呢，还是某种巧遇呢？这些问题并没有正确或错误的答案。上面这张图为你提供了一个机会，让你评估什么才是对你来说重要的事物，并仔细考虑那种事物是如何随着时间的推移而演变的。

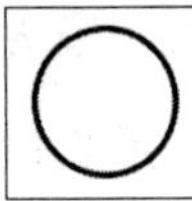
依附于某种比我们自己大的事物具有深刻的意义。

结论

所以就这样了。这就是一个有意义人生的主要内容。它基于一种归属感，一种相信自己拥有控制命运能力的信念，擅长你所珍视的一种职业，并感受到与外部世界的某种事物存在的某种联系。一辈子的学习也无法掌握其真谛，但希望在寻求建立起人生意义与财富之间的联系时，

① 作者的这句话借鉴了毛姆小说《刀锋》扉页上的一段引文："一把刀的锋刃很不容易越过，因此智者说的救之道是困难的。"——译注

我已经把事情安排好，使我们从容地向前迈进。

下表是本章的一个小结。我把控制和能力视为我们内在世界的一部分，这部分体验与个体联系更紧密。对联系和环境的追求栖身于个体之外，这部分体验是面向社会的。在我们内在和外在世界之间是存在张力的。我们也不想忽视这样一个事实，从平凡的幸福通往深层次喜悦的道路表明，喜悦是用奋斗铺就的，而且在某些情况下还要遭受痛苦。

四项检验标准

位置	根源	描述	冲突
内在世界	控制	人生方向和人生定义方面的自主权	竞争，勇气
	能力	掌握一个（一门）有价值的职业或手艺	努力，牺牲
外在世界	联系	社会关系和社区中的归属感	群体冲突
	环境	一种目标感，服务外部世界的某种事物	相互矛盾的优先事项

这个圆形阐明了书写和编辑自己的故事的过程，是一种动态的适应或变化。这并非空想。恰恰相反，这是一项艰苦的工作，其中失望和悲伤是前进道路上不可避免的绊脚石。幸福不仅仅是描述出来的，它也是一个过程，甚至是一项技能。

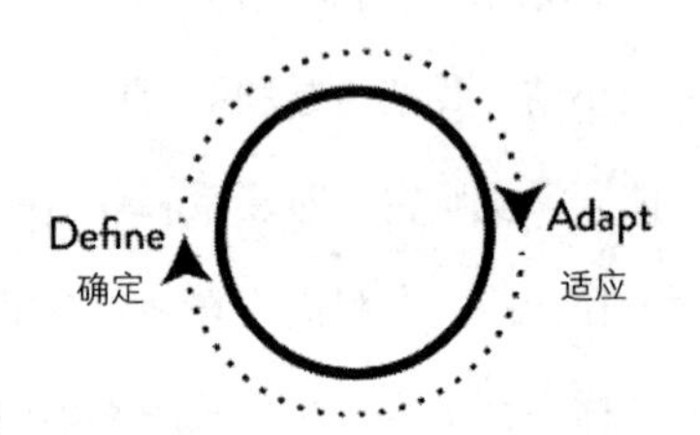

现在，财富之旅有了公式。如果说前几个章节解释了财富就是资金满足感，那么本书后几个章节将会讨论这个旅程的半个公式。我们需要搞清楚我们是否能负担得起有意义的人生。这是一个简单粗暴的公式，不过坦率地说，在这个复杂而昂贵的世界里，我们是无法避开它的，而且目标和成功未必相配。

那么“负担得起”检验人生意义的联系、能力或控制等标准意味着什么呢？我们不要挥舞着支票去实现我们的“目标”。

如果我们非要见识一下金钱的力量呢？

第五章　可以，不见得可以，看情况而定

“我不太关心金钱，金钱买不来我的爱。”

——保罗·麦卡特尼

“那些说金钱买不来幸福的人连商店的门都找不到。”

——格特鲁德·斯泰因

日渐繁荣的世界

金钱可以买来幸福吗？这个问题的答案可以总结为“可以”“不见得可以”和“看情况而定”。

· 可以：首先，金钱减轻贫穷，而贫困是令人丧失斗志的和致命的。它可以缓解痛苦、购买短暂的快乐，而且承诺长期的喜悦。

· 不见得可以：一个人可以不依赖于生活中的地位而获得幸福。穷人可能心满意足，富人可能痛苦不堪。日复一日，情感的产生大多独立于金钱之外。金钱购买喜悦和缓解疼痛的效力是有限的。

· 看情况而定：这门幸福科学太前沿了，而且没有定论，所以任何思考这个问题的人都必须适应阴暗的和未知的事物。

如果简单地回答一句，“这很复杂”，会让人感觉在逃避。但这是对当前研究状况的真实评价。进一步而言，这种含糊的回答绝不会中断适应性简化的引擎。

还是从审视更广泛的历史背景开始吧，因为在人类历史上，我们实际上一直在问这个问题。近几十年来，我们的物质生活的改善程度惊人，更不要说过去几个世纪了。[1]在人类历史的大部分时间里，人们都在忍受困苦和肮脏的条件，然后年纪轻轻就死去。18 世纪中叶，随着工业革命的蓬勃发展，尽管高企的婴儿死亡率给欧洲人平均寿命的提高蒙上了阴影，但这个数字还是达到了 35 岁左右。[2]工业革命前美国的数字与此相似。

生活已经变得相当好了。[3]我们享受着更多的财富、更好的健康和更长的寿命。对于很多即使生活不太富裕的人来说，他们的自由依然没有被剥夺。在过去的两个世纪里，全球贫困率急剧下降，不过也并不全是好消息。诺贝尔奖获得者安格斯·迪顿（Angus Deaton）令人信服地表明，一部分人的生活水平的提高导致了更大的不平等，带来了一系列健康、政治和社会挑战。福祉降临给了一些人，并非是全部人。即便如此，《财富几何学》的读者们还是生活在一个前所未有的舒适时代。

生活“更好”了，但我们更幸福了吗？无论是在社会的内部层面还是外部层面，更富有的人过的就是更令人满意的生活吗？在这方面，哲学家是必须让位于科学的。亚里士多德和其他人提出了合理的论点，但证据很重要。无数研究已经触及这个问题，但总的来说，文献仍然是“浩如烟海，没有定论”。[4]综观大量国际与国内研究，有些研究指出存在一种强烈的联系，而另一些则给出否定的结论。[5]

这是怎么回事呢?

快与慢，幸福与悲伤

在一个由幸福科学的研究人员组成的另类“正义联盟”中，丹尼尔·卡尼曼和安格斯·迪顿联合起来对这一问题进行了探讨。[6]就像亚里士多德的阐述一样，他们的回答取决于语义。通过分析45万多名美国人的调查数据，两人得出结论称，更高的收入确实能买到幸福，但具体到体验式和沉思式两种类型的幸福，则有所差异。[7]

这个重大发现“强调了个体思考人生时所做判断与他们生活的实际感受之间差异的重要意义”。换句话说，快乐论（体验式）幸福和实现论（沉思式）幸福之间的典型区别依然是至关重要的。这也暗示，系统1和系统2思维与生活中不同形式的满足感相关联。

卡尼曼和迪顿从两方面做了阐述。首先，财富对我们日常生活的影响在大约7.5万美元的年收入（或接近许多人认为的中产阶级收入）时消散。这项调查询问了人们过去一天中感受到的情绪波动的频率和强度——“个人日常经历的情绪品质”——包括“喜悦、迷恋、焦虑、悲哀、愤怒和让人们的生活愉快或不愉快的情绪”。在达到那个阈值之前，收入都在产生积极的影响。

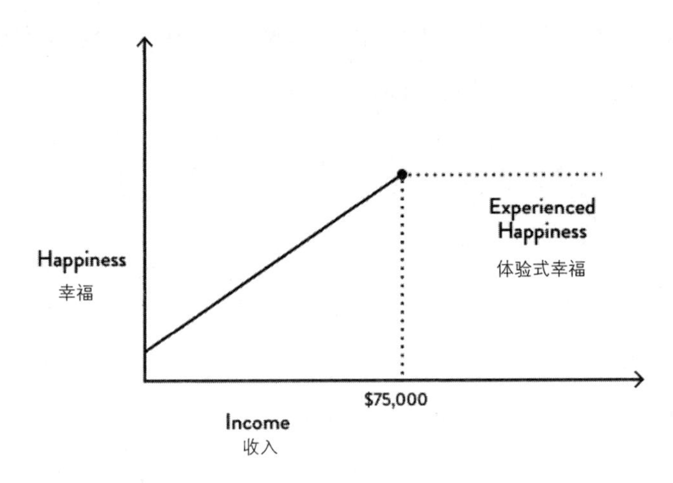

这条向上的斜线并不难解释。在较低收入水平上，特别是在贫困状态下，基本需要是很难得到满足的。在对食物、住房、医疗和其他必需品的需求得到满足之前，日常幸福是很难获得的。

然而，在该阈值以上，较高收入的影响并未带来积极情感的增加。对于年收入 10 万美元和年收入 100 万美元的人而言，好心情和坏心情以同样的速度来来往往——只是因性格不同而稍有变化。中产阶级的收入满足很多基本生活舒适要素的需要，但超过了这一阈值，便没有机会获得额外的体验式幸福。

卡尼曼和迪顿的第二个发现比第一个更令人侧目。他们注意到，在下面这张图表中，沉思式幸福并未在特定收入水平上出现上限。

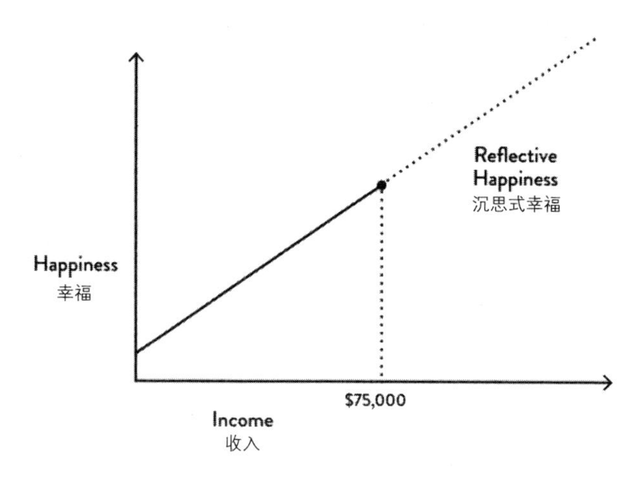

这项发现是基于对坎特里尔的“自我定位量尺”（Cantril Self-Anchoring Scale）的响应做出的。[8] 众所周知，在积极心理学中，该量尺是一种针对实现论幸福的备受推崇的广义人生评价手段。它是这样介绍的：“试想有一架梯子，从底部到顶部的踏板编号依次为从0级到10级。梯子的顶部代表了你可能享受到的最好人生，而梯子的底部则代表了最差人生。请说出此时此刻你个人感觉站在哪一级踏板上？”

卡尼曼和迪顿没有发现沉思式幸福随收入增长而减少的临界点的证据：更高的收入有助于爬到坎特里尔阶梯更高的位置上，甚至在那些已经富裕的人当中亦是如此。其他大规模的研究也证实在收入和沉思式幸福之间存在牢固的关系。正如一项研究得出结论称：“虽然收入超过一定的临界水平便不再影响幸福感的观点在直觉上具有吸引力，但它与数据不符。”[9] 换句话说，金钱可以买到幸福。

有必要指出的是，这些发现都是基于一个人曾经经历的相对变化，而不是绝对水平的成就。对一个刚毕业的大学生来说，1000 美元的加薪对他的影响比对公司 CEO 的影响要大得多。因此，虽然幸福和收入似乎呈现正相关，但并不意味着那些年收入 100 万美元的人比那些年收入 10 万美元的人“幸福”10 倍。在越来越高的水平上，这方面的影响会逐渐缩小，而其他考量的影响则会发挥更大的作用。

我把卡尼曼和迪顿的两项发现结合起来，得到下面这张图，它开始捕捉到很多人在财富与幸福的关系上所感受到的那种并不稳定的“若即若离”的特征。

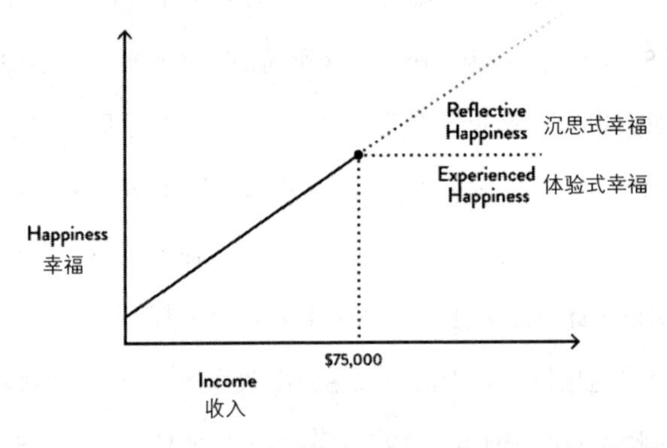

一个人或许可以通过设定某种形式的幸福优先于其他形式的幸福来破解这个难题。亚里士多德在探索幸福感的过程中直面挑战，这与享乐主义者的做法是不同的。时间快进 2000 年，卡尼曼似乎对体验式幸福的优势情有独钟，他认为在大多数时间里，是日常的情感塑造了我们的头脑。我认为我们不能选择一个或者另一个，因为我们不能在系统 1 和系统 2 思维之间做出选择，它们是作为一个不可分割的整体出现的。事实上，马蒂·塞利格曼认为，要想真正“快乐”起来，人们需要根据体验式幸福和沉思式幸福的权值来实现。

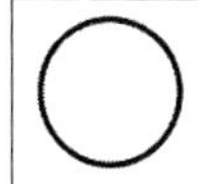

财富对体验式幸福和沉思式幸福的影响是有差异的。

了解财富之路上的岔路口

适应性简化——通往财富之路——需要对这些发现做出解释。为什么收入水平超过了一个阈值后，我们的日常情绪便在很大程度上与财富无关了，而我们对幸福的追求则似乎受益于越来越多的金钱？

有三大动因会帮助我们加深对这一发现的理解。

1. 我们很快就习惯了各种舒适的生活方式。

2. 财富对减少悲伤比增加幸福感更有效。

3. 如果分配得当，财富可以为构成沉思式幸福的 4C 标准提供经济资助。

接下来我们逐一讨论。

原地跑

“幸福是刚好在你想要更多幸福之前得到的。”

这句激情洋溢的话出自《广告狂人》（*Don Draper*）中那位广告奇才唐·德雷柏（Don Draper）之口。就像他为 Glo-Coat 和 Jaguar 所做的广告一样，德雷柏将人类的本能也展示得淋漓尽致。我们想要我们想要的，要了还想要。

德雷柏预料到了幸福科学研究人员都颇为认同的一项发现：一个名为“享乐适应”的过程决定了我们很快就会习惯我们生活中的大多数事情。因此，体验式幸福往往转瞬即逝。

享乐适应损害我们就未来的幸福——尤其是塑造我们日常生活的体验式幸福——做出更好选择的能力。它在宏观和微观两个层面上进行。繁荣已经持续了几个世纪，但随着生活变得越来越好，人们的期望值也在提高，这反过来成为失望的一个潜在来源。[10]这种趋势已经出现在最基本的健康和福祉层面上。例如，并非很久以前，婴儿高死亡率在很多国家还是司空见惯的事情。医学和生活方式的进步使婴儿死亡率急剧下降，与之前的几代人相比，今天的人们设置了相当不同的期望值。

创新也带来了潮水般的技术便利，包括电力、汽车、室内管道、空中旅行、空调、冰箱、洗衣机和移动电话等。更富裕的人掉入了“奢侈陷阱”，以前难以想象的发明由异想天开变成了奢侈品，又变成理所当然的必需品。我无法想象没有冰箱或飞机的生活，但我的曾祖父母当然可以忍受。随着时间的推移，令人惊讶的事变成了稀松平常的事。

在微观层面上，我们的日常生活是由一台始终在运转的享乐跑步机来定义的。在这台跑步机上，与好或坏的结果相关的满意度会消散殆尽。在一项具有里程碑意义的研究中，一组心理学家考察了截瘫患者和彩票中奖者对好运气或坏运气做出的反应。他们发现，在这两种情况下，人们都快速地适应了他们的新境遇，一般都恢复到之前的快乐或悲伤的水平上。[11]

我们总是试图从原来所在的地方继续前进。那些赢得或继承了大笔钱的人享受了一把“疯狂购物”之后，重新恢复了生活常态，在那样的生活状态下，豪宅和豪车不会带来太多乐趣。与此同时，快速致富会破坏更有意义的人生追求。当很多新“朋友”前来分享你的战利品时，你的社会关系便会恶化。不再需要工作也破坏了我们忙于工作时所获得的喜悦之情。我们拥有了更多的控制力，但或许更广泛的目标却让人感觉越发难以捉摸了。

同样的动力放在悲剧背景下会造成相反的结果。疾病或困难可能是毁灭性的。然而，经过一段时间之后，被接受的“新常态”开始生效，而由前述事件带来的日常影响也会趋于稳定。以已故著名天体物理学家斯蒂芬·霍金为例，他年轻时因神经障碍而致严重残疾。在获得了非凡的职业成就后，他这样评论后来的生活：“21 岁的时候，我的期望值降到了零。此后的一切都是意外收获。”[12] 我们还可以回顾维克多·弗兰克、亚历山大·索尔仁尼琴和詹姆斯·斯托克代尔等人的故事，他们都战胜了可怕的困境。

快乐跑步机限定了我们每天对体验式幸福的追求，但它并不否定朝着目标取得进步而产生的满足感。我们有希望和梦想，而且当它们在距离上渐渐靠近或远去的时候，可以感受到一种愉悦感或失落感。喜悦可以源自无论我们现在处在什么位置都在前进的那种感觉。排在向后移动的队伍前面的人可能不如跟在向前移动队伍后面的人快乐。前进的满足感不仅仅是一种偏好，而且是我们身上内在的东西。乔纳森·海德特认为："在某种程度上讲，适应只是神经元的一个特性：神经细胞对新刺激反应强烈，但等逐渐'习惯'后，它们对已经习惯的刺激便不再产生那么强烈的反应。这是包含关键信息的变化，不是稳定状态。"[13]

的确，由于我们的旅程是从目标开始到优先事项，再到策略，所以第一阶段——圆形——是通过这个神经系统的旋转木马确定下来的。海德特说，我们"适应认知极端情况。我们不只是变得习惯化，还做重新调整"。我们每达到一个目标，就推进到下一个目标；我们每遭受一次挫折，都会更换工具并重新尝试或重新确定下一个目标。

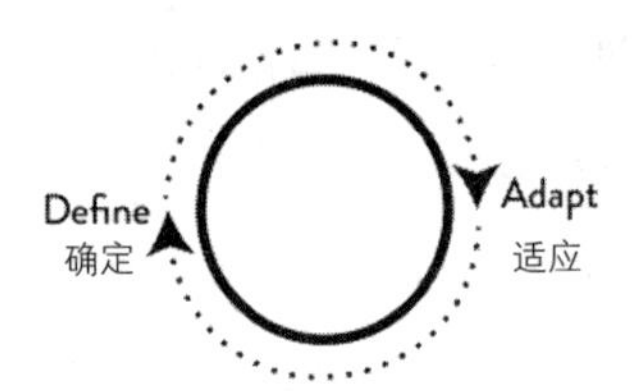

跑步机可能听起来像一种令人眩晕的体验，但它也是前进的动力。推动获得"更多"——更高、更好、更快、更大、更聪明——建设性要素是我们取得人生成就的核心。

规避悲伤情绪

幸福的对立面并非悲伤。它们并非同一张情感谱图上的极点。减轻痛苦和增加快乐——或者说，消极和积极的情绪——是有关联但明显不同的神经反射。如果面临一个可以避免痛苦或享受快乐的选择，那么本能会驱使我们阻止任何伤害我们的事。减轻痛苦是优先事项。

通过系统1思维执行的生存本能具有颇为有趣的含义，即一个人的财富生活是如何与对财富的追求联系起来的。尤其是有越来越多的证据表明，在减少悲伤方面，更高的收入可能比增加幸福感更具影响力。

2014年，一组研究人员对金钱与悲伤之间的关系进行了首次大规模研究。高收入如何影响悲伤，它们之间的关系和收入与幸福之间的关系有所不同吗？心理学家科斯塔丁·库什列夫（Kostadin Kushlev）及其研究团队证实，高收入对体验式幸福的影响有限，这与卡尼曼和迪顿的研究结果类似。即便如此，高收入对减少悲伤还是有效果的。下面这张表格汇总了他们的研究成果。[14] 在总共13种世俗活动中，较高的收入与较少的悲伤有关。

高收入与悲伤和幸福感的关系

（按活动列出）

	较少悲伤	更多幸福感
通勤 & 旅行	✓	×
饮食	✓	×
看电视	✓	✓
做饭	✓	×
工作	✓	×
休闲	✓	×
看孩子	✓	×
家务活	✓	✓

（续表）

购物	√	×
社交	√	×
健身 & 娱乐	√	×
宗教活动	√	×
煲电话粥	√	×

例如，在通勤、工作或健身等活动中，更多的收入与较少的悲伤密切相关。但对应项的情况通常不是这样：几乎在所有这些相同的活动中，高收入并没有带来更多体验式幸福。“穷人比富人感觉更悲伤，因为不管他们在干什么，菲薄的收入预示着他们一整天都会沉浸在更大的悲伤中。”[15]

试想一下，在一个寒冷的早晨醒来，发现你的汽车电瓶没电了，所以车也趴窝了；或者回到家发现屋顶漏水了，地板也泡在水中。有了足够的资金，这些麻烦事很快就能解决，或根本不会发生。一般情况下，对于生活中一些较为严重的困难，开张支票就可以解决。我们可以投入资金帮助年迈的父母、抚养任性的孩子，或者处理个人的麻烦事。金钱为我们提供了应对逆境的选择。在收入较低的状况下，无法解决这些问题意味着不幸会持续下去，而且我们承受着无能为力的和牺牲品的感觉。

归根结底，较低的收入水平说明我们对自己的生活存在深层次控制问题。[16] 自主权是人生意义四项检验标准中的一项——代表了独立意识和自我决定。这种控制力不仅什么都无法保证，自身反而可能被浪费掉。但是如果没有控制力，我们就无法抵御危险和抓住机会。

普通人的生活不外乎上班、照顾孩子、上学、料理家务、出公差等。这样说来，如果这些日常活动构不成太多压力和太多悲伤的来源，那么这意味着我们能够更好地把有限的心理能量输送给体验式幸福和沉思式幸福。回想一下，把快思维转变成费力的、需要沉思的慢思维是很累人的。如果大脑能量不足的话，那么这个转变就很难了。

明智消费

按照格特鲁德·斯泰因的理解，只要你购买得当，无论是身体上还是精神上的幸福，金钱都是可以买来的。当金钱用来承诺在上一章中详细讨论的满足感的来源时，确实可以买来幸福。“金钱是幸福的机会，但也是人们日常就会挥霍掉的机会，因为他们认为那些让他们感到幸福的事通常不是平凡的事。”[17] 人们不会明智地消费。

当你把手伸进钱包，希望完成一次带来喜悦的购物时，你很有机会在三大分类上“负担得起”4C。我们可以承诺这些都是让我们的人生有意义的方式：

· 体验

· 他人

· 时间

体验

和朋友一起吃饭、照顾生病的家庭成员、购买音乐会门票、购买二手书、家庭游戏之夜、辅导孩子功课、在沙漠中徒步旅行、烹饪、沉浸于《卡坦岛拓荒者》或《车票之旅》、①伦敦泰特现代艺术馆和芝加哥艺术学院、沃力球运动、②在当地的食品分发处做义工、品尝东京小巷里的日式烤鸡肉串和湾仔点心、看妹妹的演出、在源泉咖啡馆喝波本威士忌、和妻子一起自驾游、和孩子一起出去玩、和家人一起去露营。

本书可能是第1000本暗示体验比物质为你带来更多幸福的书，事实也是如此。支持这一论点的证据是压倒性的，[18]想听解释吗？

首先，体验——强调行动而不是拥有——可以加深社会关系。按照定义，上面列出的很多活动都是社交性质的，或者与他人分享时可以得到强化的。一项针对十几种不同形式的日常消费所做的研究发现，只有一种消费——休闲——与幸福感呈正相关。[19]引发那些积极情绪的不是活动本身，而是分享体验。当然，独自旅行自有其优点，但多数人时的体验也是值得珍惜的，因为我们喜欢和别人一起享受它们。

其次，体验几乎不受享乐适应的影响。[20]与物质商品不同的是，它们很难让人们习惯。物质商品的品质是固定的，而体验可能具有多面性，激发不同形式的乐趣。虽然新买的豪车具有舒适性、操控性和娱乐性，但它的基本功能就是把你从A点送到B点。而一次随心所欲的假期则可能包括舒适的旅行、豪华的住宿、美味的食物、探险，以及与朋友和陌生人的社会交往。从一次体验中可以提取很多心理样本。

因此，体验会阻挠适应。[21]我们可以在精神上而不是通过物质财富

① 两款桌面游戏。——译注

② 沃力球（Whirleyball）是流行于美国、加拿大的一种团体球类运动。——译注

的方式重新感受体验。我们的记忆可以从体验的一部分跳到另一部分，从而仔细品味它的不同维度。在一个场景中，我们喜欢讲述某天到某座城市游玩的心情故事；在另一个场景中，我们联系在旅行中遇到的新朋友。这些经历更是对积极的重新解读敞开大门。你可能不会比现在更喜欢你的新沙发，但你一定可以重新想象你曾经的一次旅行。

研究表明，较小的、频繁的体验可以很好地对抗享乐跑步机。请看以下两个实验。在第一个实验中，每个受试者都获得了 50 美元的奖金，但是一些人赢得的是两张 25 美元的彩票，而其他人则只获得了一张 50 美元的彩票。在另一个实验中，受试者每人接受了 3 分钟的按摩。其中一组接受的是两次 80 秒的按摩和一次 20 秒的休息。另一组接受的就是整整 3 分钟的按摩。在这两个实验中，人们都报告说，从带有较短循环体验的第一个实验中而不是从提供较长单次体验的第二个实验中获得了更多的乐趣。[22] 因此，经常修指甲、偶尔周末外出度假，或者和伴侣定期共赴“约会之夜”，这些体验叠加起来的效果会超过你已经酝酿了好几年的一次准备周密的假期。是为你的爱人时不时送上一束鲜花好呢，还是特别准备一颗钻石好呢？科学告诉我们，从长远来看，前一种方式要比后一种方式好很多。[23]

体验性商品比物质商品更贴近个性化，因为我们可以有针对性地选择某项幸福 4C 原则——联系、控制、能力或环境——来定制它们。反过来说，它们更有可能成为我们身份的一部分。大多数人将体验视为更能自我界定的事物。我们所“做”的事更加紧密地联系到我们是谁而不是我们拥有什么东西上。[24] 体验成为你的人生经历的一部分。[25]

他人

有一天，你在城里散步，一个友好的陌生人走过来。[26] 她礼貌地自我介绍，问你是否愿意参加一个简单、无恶意的实验。你说可以，她就你当天的感觉问了一些基本问题，然后递给你一个信封，要求你完成里面规定的任务。你撕开信封，看到一张 5 美元的钞票，还有下面这条信息：

“请在今天下午 5 点之前把这 5 美元花掉，你可以为自己买件礼物或支付任何费用（如房租、账单或债务）。”

并非递给陌生人的每一个信封里都含有同样的信息。第二个里面是这样写的：

“请在今天下午 5 点之前把这 5 美元花掉，你可以买礼物送给别人或捐给慈善机构。”

你同意按照指示行事，并在当天晚上接到研究人员打来的一个电话。在电话中，他问了你两个问题：第一，你现在有多高兴？第二，你是怎么花的那笔钱？

这个实验的实际情况是这样的：那些收到第一个信封的人给自己买了咖啡或小饰品之类的东西，或者付了一次停车费。第二组的人买来礼物送给了孩子们、无家可归者或其他人。研究人员发现，尽管在一天开始的时候，受试者在幸福水平上没有系统性的差异，但可以看出，那些把钱花在别人身上的人比那些把钱花在自己身上的人幸福得多。研究人员甚至还改变了信封里的现金金额。一些人收到了 20 美元，而不是 5 美元。然而，更大的金额对这两个群体的情感没有任何影响，甚至那些把得到的 20 美元都花在自己身上的人也是如此。

个人支出与亲社会支出的平均比率超过 10∶1。[27] 这并不意味着我们过着暴饮暴食或放纵的生活。个人支出的大部分都是用于抵押贷款、水电费、生活用品或其他必需品。但如果可能的话，赠予性支出会为赠予人带来积极的影响。

这种情感是建立在亲社会支出和体验式幸福之间的一种神经纽带上的。即使当有人被迫赠予时，这条纽带依然存在。一项研究证实，被命令要慷慨一些的受试者依然展示出积极的情感。[28] 在不同的国家和不同的收入范围内，慷慨和幸福之间的联系是普遍的、一致的。富人和穷人都喜欢施舍。亲社会支出对沉思式幸福也有显著影响。和体验一样，亲社会支出加深了我们与他人的联系。[29] 它增强了我们对控制和环境的理解，让我们意识到，无论我们怎么适配并把我们的故事维系于外部事物上，我们都有自由书写这段人生经历的权利。

时间

我们生活在一个“忙碌”的时代。许多人感到被义务和焦虑压得喘不过气来，留给享受生活乐趣的时间非常少——不管是与家人相处的时间还是用于个人爱好的时间。在拥有更多的时间和拥有其他有价值的东西（尤其是金钱）之间，我们需要做的是权衡。一般来讲，我们可以努力工作挣更多的钱，或者为了享受，我们工作时悠着点劲儿，但挣的钱会减少。同时拥有更多的时间和更多的金钱是一种奢侈，几乎没有人能够做到。

金钱既能消除焦虑感，又能买到捷径或便利，从而争取到时间，这样便可以把更多的时间用于享受生活。直达航班、迪士尼乐园快速通行证，或者丰富而灵活的假期都可以“创造”时间。体验需要几小时、几天、几周或更长时间才能完成。你无法在一天内完成一周的旅程。我们把时间花在培养人际关系、旅行、当志愿者，以及投入自己喜欢的业余爱好和工作上。与时间匮乏不同的是，时间充裕是可以创造机会的。

时间充裕也是获得沉思式幸福所必须的心理能量的保证。[30] 有了更多休息和思考的时间，4C——联系、控制、能力和环境——更容易获得。相反，时间匮乏会带来双重痛苦：它妨碍减轻悲伤或痛苦的机会，并缩小提高幸福感的空间。那些工作狂们常常很痛苦，但这几乎算不上什么出乎意料的真相，因为他们已经放弃了生活中产生更深层目标感的大多数检验标准。

在 2016 年开展的一项研究中，研究人员做了 5 个不同的实验，受试者可以选择更多的钱或更多的时间。[31] 在每种环境下，人们大多是把选择票投给金钱而不是时间，但那些选择后者的人报告称，不管他们的体验式幸福感还是沉思式幸福感都处于较高的水平，甚至当把年龄、收入水平和职业等因素考虑在内时也是如此。那些偏爱时间而不是金钱的人更有可能追求自我反省，并参加更快乐的活动。消除焦虑感和创造获得更大成就的空间会推动获得更大程度的满足感。[32]

幸福与我们的财富生活如影随形。拥有更多的金钱可以让我们幸福每一天，但也只有这么大的影响和这么一段时间的影响而已。享乐跑步机是无法避免的。同样地，如果不从更深层次考虑，拥有更多金钱是可以减轻痛苦和分散悲伤的。因此无论在明面上，还是在通过规避不幸以保证将心理能量投入更深思熟虑的追求上，拥有金钱都是有价值的。

当我们的头脑因太混乱、太焦虑而不能转移至需要更加努力寻找更深层次满足感的工作上时，就会发生各种各样的神经系统悲剧。[33]这意味着需要拥有必要的资金以确保有意义的生活，并变得真正富裕起来。

下表提供了我们如何为满足感提供资金支持的一些关键思路。

为满足感提供资金支持

位置	检验标准	资金支持途径
内在世界	控制	可以负担更好的营养和医疗保健；购买独立性、时间和灵活性；让你避免或摆脱困境；在某些情况下，让你做任何你想做的事
	能力	投资技能和卓越潜能
外在世界	联系	购买社交体验、网络、会员资格和使用权；购买时间，以建立和强化老关系和建立新关系
	环境	购买时间安排与控制、能力和联系的协同

如果做到了明智消费，便可以通过金钱买来幸福。

结论

关于金钱和幸福的交集还存在太多未知。首先目前的研究似乎没有区分收入和总资产净值。一个是每月的工资性收入，而另一个是一个人可以以任何方式花掉的累积资产。收入和资产可以相互扶持，而二者之间的动态关系也可以朝相反的方向发展：一个人可能拥有可观的收入，但依然因无节制的消费或不负责任的借贷而破产。或者，一个人拥有中等的收入和规模可观的资产——这可以解释某些退休人员的状况。我们不知道这些因素在严谨的科学意义上是如何相互作用的。

其次，7.5 万美元这一数据似乎缺乏充分的背景。自从卡尼曼和迪顿的研究成果发表以来，人们似乎对这个数字质疑颇多。即使根据时间和地点做了一般性调整，但当对比曼哈顿和塔斯卡卢萨[①]在 1960 年和 2010 年的数据时，还是可以发现不确凿的地方。最后，随着收入和财富不均衡增长，以及两个版本的幸福感都受到相互攀比的影响，我们并不知道如此动态的关系是如何影响到个人福祉的评估和结果的。

尽管如此，我们所了解的已经足够深入，可以沿适应性简化的道路继续前进了。我们现在将离开以适应为主题的圆形阶段，进入三角形阶

① 美国阿拉巴马州的一座城市。——译注

段，这个环节的主要活动是优先事项的确定。在追求财富的过程中，目标和实践之间的跨度是通过准备工作衔接起来的，而准备工作将着眼于处在我们控制之下的有限数量的元素。

优先事项

我们要在这一部分设定优先事项以帮助做出更好的决策

第六章　设定优先事项

“值得注意的是，我们大家努力坚持不做蠢事，而不是努力变得非常聪明，这样才能获得了巨大的长期优势。”

——查理·芒格

“三，一个神奇的数字。”

——迪拉索

为我们的梦想提供资金支持远不如想象的那么有趣。即便如此，最终推动我们走上致富之路的是前期准备——在界定我们日常生活的各种不确定因素中做出艰难的决定。到目前为止，我们说得头头是道。现在我们必须付诸行动了。

致富策略从筹划优先事项开始，用几个三角形来表示，通过三角形的三个点阐释三个步骤。我们用第一个三角形来明确财富生活的三个优先事项，我称之为保护、匹配和实现。这些优先事项体现了传统上被称为财务规划的核心内容，它使我们的资金流动井然有序。在此之后（也只有在此之后），我们需要做出明智的投资决策，为此，我们考虑在第七章中启用第二个三角形。

在金钱的世界里，最引人注目的往往是最不重要的。我们的财富生活是由预算和账单、股票和债券、储蓄和支出、抵押贷款和契约、遗嘱和房地产，以及保险和税收组成的大杂烩。有太多的东西分散我们的注意力。我们就像一只玩彩球的猫一样，通常只关注我们眼前的事情。

有了井然有序的优先事项，我们便能防止不当的事情发生。为了财富的增值和保值，我们应当：

1. 保护：首先考虑风险。

2. 匹配：保持资源均衡。

3. 实现：渴望更多。

让我们逐一审视这个三角形中的每个元素。

保护

大赌注

在 1662 年去世之前，法国哲学家和数学家布莱士·帕斯卡（Blaise Pascal）思考了上帝是否存在的问题。他的做法很难说是独特的，因为这是很多人在人生历程中都会问的问题，但在350年后，他的自省方式依然受到关注，而且对我们的财富生活产生了重大影响。他回避了传统的神学方法，而是使用早期的概率论来估计他的决断。用作赌注的就是永恒的救赎或诅咒。

在著名的“帕斯卡赌注”（Pascal's Wager）中，他权衡了信仰上帝的预期成本和收益。对于帕斯卡来说，逻辑无法给出一个明确的答案：“上帝要么存在，要么不存在。但我们应该向哪一方倾斜呢？理性在这里起不了什么作用……”在犹太教和基督教的语境中，不到生命的尽头是没有办法搞清楚的，而且到那个时候采取什么相应行动也都太迟了。

帕斯卡做了什么？他采取了碰运气的策略。他有两种选择：相信或不相信。还有世界的两种状态：上帝存在或不存在。因此，帕斯卡的大脑里必须思考四种情况。请看帕斯卡的决策树汇总信息。

	上帝存在	上帝不存在
相信	无限好处	小损失
不相信	无限损失	小好处

帕斯卡认为，如果他选择相信，但上帝并不存在，那么不利的一面是有限的。他会偶尔做出一些物质上的牺牲（不追求奢侈的生活，更谦虚，更宽容），另外没有来世丰厚的好处。但是选择相信一个已经存在的上帝将会导致一个无限救赎的来生，这是一个很好的结果。在另一个方向上，生活在无神的世界里的无神论者可能过着一种自由放纵的生活。而在有神的世界里的无神论者则可能忍受可怕的来生——一个永恒的诅咒。

帕斯卡得出结论：任何一个理性的人都应该相信上帝——或者至少按照上帝存在行事。这种做法的成本很低，而回报是无限的："如果你赢了，你就获得一切；如果你输了，你什么也不会失去。那就下注吧，不要犹豫上帝是否存在……这里有无限的幸福生活可以无限获得，这里有一个获得好处的机会对赌一个有限程度损失的机会，而且你下的赌注是有限的。"[1]然而，相信异端邪说的负面影响是无限大的。

损失厌恶

虽然听起来很奇怪，但帕斯卡在17世纪出的难题却奇妙地照亮了财富增值和保值之路上关键的第一步。和我们一样，他不知道未来会怎样。在猜测世界两种可能的状态时，他所能做的最好办法就是抛一枚硬币。他的洞察力不是来自设定抛硬币的概率，而是估计正反面的后果。

就像我们自己试图规划未来一样，这种猜测实在难以精确：神祇猜中的机会都是五五开，结果要么是"无限荣光"，要么是"小有成就"。但是通过简单、粗略的推理，帕斯卡的决断是显而易见的：付出小代价来避免潜在的大灾祸。而如果小成本带来了大好处，那就更好了。

令帕斯卡着迷的事也令我们着迷，这就是现代行为学家所谓的"损失厌恶"。这是一个简单而强大的概念，即损失的痛苦大于获得的快乐。我们天生就是这样做的：我们的大脑注重避免损失而不是获得收益。[2]

这一状态是系统1思维的重要组成部分，其中包含一种进化逻辑。我们的先祖中那些在评估风险方面更优秀的人更有可能生存下来。在野外，首要原则就是活下去。挺过这一关，才能否极泰来。

心理学家发现，我们对损失的敏感度大约是对收益的两倍，也就是 2:1 的比率。这意味着 100 美元损失带给人的糟糕程度两倍于 100 美元收益带给人的舒心程度。你也可以说，需要用 200 美元的收益来抵消 100 美元的损失带来的痛苦。对我们中的大多数人来说，当我们在赌场赚了几百块钱的时候，那感觉相当不错。但如果我们损失了几百块钱，那感觉就糟糕透了。这就是损失厌恶在起作用。沿可靠的规定路线行驶与走不太可靠的捷径的对比也蕴含同样的道理。再比如在连锁餐厅吃饭对比在独立经营餐厅吃饭，或者当一名雇员而不是一位企业家，等等。

现代心理学家已经复制了帕斯卡的逻辑。例如，在涉及抛硬币问题时，人们不愿意接受一次四平八稳的派彩。多数人会质疑："那还有什么意思呢？"我们希望看到更好的机会而不是那种五五开、机会均等的情况。丹尼尔·卡尼曼注意到："在我的课堂上，我说：'我准备玩抛硬币的游戏，如果出现的是背面，你们损失 10 美元。你们准备赢多少钱才会接受这次赌博？'人们希望超过 20 美元才可以接受它。现在我也和高管们或者非常富有的人玩同样的游戏。我提出硬币抛出后如果背面朝上，他们会损失 1 万美元。而他们提出先拿到 2 万美元才会和我赌博。"[3]

许多不同的实验得出了同样的结论：我们认为避免损失比获得收益更重要。例如，当在肯定赢得 1000 美元或有 50% 的机会赢得 2500 美元之间作出选择时，大多数人不会下赌注。是的，我们在《统计学 101》中学到的赌博概率结果更高（1250 美元，或 50%×2500 美元），但这不是我们大多数人思考这些事的方式。人类不会自然而然地思考概率，这是我们将在第八章中探讨的一个重要问题。

但是，当我们就同一个赌局采取完全相反的方式时，人们会做出相反的决策：当需要在肯定损失 1000 美元或有 50% 的机会不损失一分钱或损失 2500 美元之间作出选择时，大多数人都会接受这个赌局，即使 1250 美元的损失超过 1000 美元的损失也在所不惜。在一种情况下，我们避免风险，在另一种情况下，我们迎风险而上。不同之处在于参考点：我们更希望避免损失而不是获得收益。我们对待风险的态度是不对称的。我们喜欢冒险，尤其是在寻求避免损失的过程中。

损失厌恶没有开关中的“关闭”键。它始终开着，让人的一生处在无尽的紧张状态。我们希望成就大事业，但不成比例的损失的影响阻碍了我们。我们都是集渴望与害怕、贪婪与恐惧于一身的。我们喜欢风险，但我们不喜欢损失。一般来说，在生活中，成功处理好冒险与避险之间的日常平衡是发家致富的金钥匙。

风险与回报

风险第一的思维模式确立了三角形模型的“保护”阶段。虽然我们都知道夕阳西下后冬日的夜晚更加寒冷，但我们在生活中所经历的很多事情却是很难预测的。在不确定的情况下，我们需要做出希望能产生好结果的决定。它适用于类似抚养孩子或选择职业这样的大事，也适用于平凡的小事，比如在百货店门前排队买东西或决定看哪部电影。

承担什么风险或多大风险才能带我们去想去的地方是一个持续的混乱源。太大了，我们也许会折戟沉沙；太小了，我们都不可能开始。一个几乎不被问及的关键问题是：需要承担多大风险才能成为人生赢家？我们看到很多人看起来很富有，但很少能看到他们达到那样的高度冒了多大风险。有些人鲁莽，有些人谨慎，但我们真的不了解他们。

想寻找答案，最初的问题其实很简单：风险与回报之间的关系是什么？这是最基础也是被误解的概念，不仅仅涉及金钱，也涉及人生。漫不经心的观察者（有时甚至是专业投资人士）会说，如果承担更大的风险，你会得到更高的回报。有陈词滥调说："没有痛苦，没有收获。"还有"天下没有免费的午餐"。假设风险和回报之间存在线性关系，则如下图所示。[4]

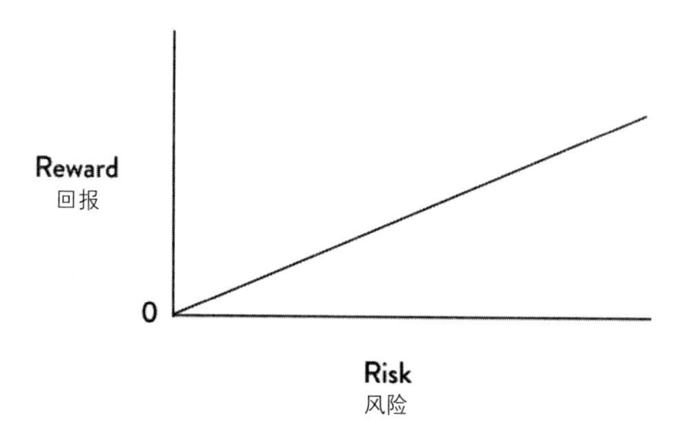

虽然已经意识到了，但情感只能说有一半是真实的。为了成就人生

伟业，为了出人头地，为了获得巨大的投资收益，你的资本是需要冒一定风险的（人力、财力、社交或其他方面）。这可能是为了支付昂贵的教育成本、投资股票市场，或者邀请最漂亮的女孩参加毕业舞会。

不真实的那一半便是问题所在。承担更多风险不会带来更大收益。相反，承担更多风险会增加未来结果的可变性。这可不是吸引眼球的车尾贴。尽管如此，如果更多的风险与更高的回报之间存在可靠的关系，那么从技术上讲，你就不会冒更大的风险了。每个人都会一直赌自己未来会成功。

风险与回报之间确实存在正相关，但随着我们承担更多风险，围绕可能出现结果的范围也在扩大。如下面的图表所示，即便我们摆脱了风险图谱，但我们未必远离曲线，而是落在曲线周围的某个范围内。我们可能会因我们的资本蒙受风险而获得巨额补偿，或者我们可能变得一无所有，但我们无法预料。

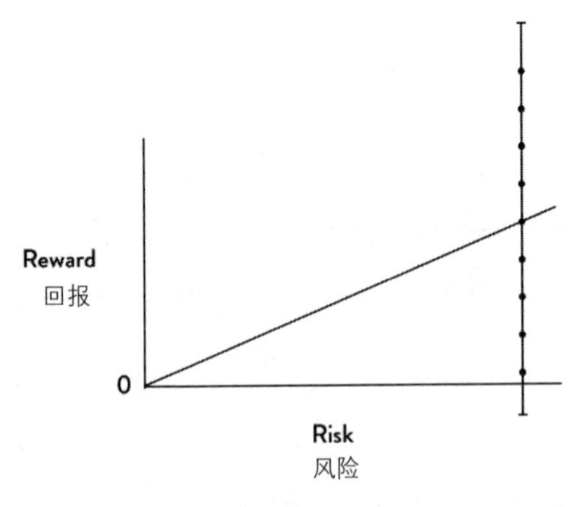

试想一下，你希望开创自己的事业。任何创业者都知道这是涉及金

钱、时间、精力甚至声誉的巨大风险。在启动之时，人们通常从银行借钱或出售一些持有的公司股票。成功之路上的每一步也蕴含着失败的可能性。我们可以从自己的经历中，从亲朋好友那里，从那些尝试过和失败过的人那里，甚至从电影上，可以想到很多例子，至少一开始是这样的。让我们回想一下詹妮弗·劳伦斯（Jennifer Lawrence）主演的电影《奋斗的乔伊》(*Joy*)。影片讲述了一位家庭主妇的真实生活。她发明了自绞式拖把，但在走向成功前破产了。大多数美国电影的结尾都采用欢乐的基调，但创业之旅通常不会。96% 的企业在创立后的 10 年内倒闭。[5] 这就是为什么大多数人选择当雇员而非雇主。自己创业的潜在回报是巨大的，但潜在的不利因素也是如此。后者对我们的心理影响更大。

我们现在可以想象一下风险与回报之间更为现实的关系：我们承担的风险每多一分都会增加结果的可变性，从而产生可能结果的分布形态。各种可能性——无论好坏——最终汇聚成一幅不断扩展的锥形图像，这幅图像准确描述了风险和回报之间的关系。

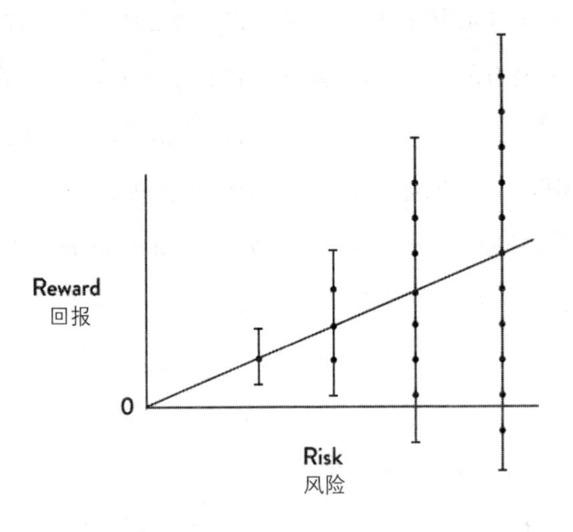

少犯错误

为了获得成功，我们要承担足够大的风险，但还不能大到惹来祸端，所以我们总是试图保持一种微妙的平衡。在这种平衡做法中，如果有可能，我们首先尽可能避免错误，并减轻那些不可避免发生的后果。不损失是走向胜利的第一步。

犯错是人生阅历不可避免的一部分。并不是我们想把事情搞砸，我们总是争取成功，做得正确，做得更好。在财富乃至任何其他领域，我们都希望利用自己的优势，比其他人做得更加恰到好处。对我们大多数人来说，努力把事情做好是基本要求：为学龄前宝宝选好幼儿园、做出正确的销售预测、选择最快的回家路线、挑选最佳股票、预测下一次风暴等。

我们面临的挑战是：当我们努力把事情做好的时候，我们要坦然面对损失。我们承担的风险越大，无论好坏，结果的范围越广。所以，至少在开始的时候，我们不希望对自己要求太苛刻，我们希望少犯错误。这是以不输当赢。

传奇投资人霍华德·马克斯（Howard Marks）在“风险规避”和“风险控制”之间做了至关重要的区分。[6]我们不能通过避免风险取得进步。相反，我们的目标应该是控制风险——承担足够大的风险，但不要过分。

帕斯卡试图少犯错误。他不知道未来会发生什么，所以他大致猜测了一下，并抓住了机会。与看上去科学严谨和数学般精确的金融领域相反，我们关心的大部分事情都是无法计算的。风险通常难以界定，而且几乎总是无法精确测量的。我们能看到严重的市场崩溃就足够了，不必看太远，因为统计学博士会告诉你这是一生中难得一见的事件，但实际上每隔一二十年就会发生一次。黑天鹅比我们想象的要普遍得多，而且不仅仅是在股票市场上。

少犯错误的哲学理念——也就是那个三角形的“保护”阶段的核心——串联起我们的财富生活的关键元素：保险、投资和债务。

保险。这是我们大多数人在直觉上尽量少犯错误的最明显的例子。我们不知道我们的房子会不会着火。我们猜它不会。我们不会粗心大意地在火源周围干活儿，我们购买感烟器，并在手边准备一个灭火器。但你永远不会知道房子什么时候会着火。于是我们为我们的房屋购买消防设施，而且是不假思索地购买。我们为我们的房屋、汽车和生命支付的大部分保险费都将永远“损失掉”。但是我们并不认为是在浪费金钱。我们花少量的钱买来内心的安宁。如果发生了如此的大灾难，我们仍然可以重振旗鼓，谁睡得不会安稳些呢？帕斯卡为自己的灵魂买了保险，而且我相信，他很高兴付这笔保险费。

投资。在有史以来重要的投资类文献之一的《赢得输家的游戏》（*Winning the Loser's Game*）一文中，货币达人查理·埃利斯（Charley Ellis）认为，大多数投资者应该坚持不输当赢的原则。[7] 他用网球运动来阐明自己的观点。对网坛新手（几乎人人都是）而言，胜利通常源自避免错误击球和保持比赛处在活球期。我们耐心地利用对手的失误，让胜利的天平偏向我方。而职业网球运动员打球的思路则完全不同。他们强力击球并保持高精确度。网球运动和投资一样，专业人士努力做得更加正确，而其他大多数人则应该专注于少犯错。

伟大的投资者自然会想到少犯错误。像沃伦·巴菲特、查理·芒格、霍华德·马克斯、保罗·都德·琼斯、乔治·索罗斯和塞斯·卡拉曼等投资界大咖绝不会采用抛硬币的方式。他们耐心等待，直到机会已经对他们极为有利，此时再不赌就是傻子。他们一路上犯了很多错误，但重点在于最大程度减少损失。乔治·索罗斯对这一点做了很好的概括，他说：“我的方法之所以成功，不是因为做出有效的预测，而是因为允许我纠正错误的预测。”真正有经验的投资者重视灵活性、适应性和承受损失的能力，以便为次日的战斗做好准备。

债务。少犯错误的心态为债务或过度借款问题提供了一个新鲜观点。

是的，大多数个人理财清单中的第一条规则是：量入而出。对于这一点，大家都很清楚。但尽管如此，很多人还是并未理会这条建议。[8]这显然是个问题，我们必须想方设法筹集资金来偿还贷款。但负债也会在我们的生活中产生涟漪效应，进而限制我们的灵活性。我们非常需要用我们的经济能力来衡量幸福感，这就要求我们适应不断变化或无法预料的环境。债务会束缚我们的适应能力，甚至让其活力变得比现在更加僵硬。债务不仅使我们陷入财务困境，也限制我们的选择，并抑制我们少犯错误的能力。尤其是当债务关系复杂化时，这种形势会迫使我们做出本来不会做的决策。

在设定财富增值保值的主要优先事项时，控制风险排在首位。但它并非财富最迷人之处，那个还要往后排。控制风险是财富之旅的一个难点，因为它需要我们动很多脑筋。例如，我们应该如何处理我们的理财事宜，或者我们希望冒多大程度的风险以保证我们获得成功。

控制风险的难度很大，因为它的回报几乎是不可见的。在保护阶段，所谓回报在很大程度上都是虚张声势而已，换句话说，都是不会发生的事情。控制风险不会带来奖赏或赞誉，在大马路上也没见哪辆拉风的新车在小心翼翼地驾驶。然而，如果这个阶段出现失败，便无法制订应对生活中不可避免的事故和错误的计划，也注定我们不会富裕起来，或者充其量将我们的命运托付给生活的随机性，在那种情况下，事情都是随意发生或者不会发生的。

少犯错误。

匹配

财富秘境

优先事项一是全面风险管理。优先事项二则将我们带入财务规划的核心：明确并努力实现我们的目标。我们是有故事、有抱负的个体，但很多基本财务目标是具有共性的——舒适而有尊严的退休生活、一个美好的家、健康成长且受过良好教育的子女。除此之外的目标就五花八门了——你自己的街角酒吧、一双精品运动鞋、移居海外、参加一次铁人三项赛，等等。

规划自己未来的目标乍听起来很简单，但也有两三个难点。首先，很少有人这样做。在最近对约 7000 名富裕投资者所做的调查中，只有 37% 的受访者说他们有正式的财务规划。[9] 而在这些受访者中，有近 2/3 的人基本上是在勉强坚持。这些有钱人中的很多人都聘请了财务顾问，但只有相当少的顾问为他们的客户制订了适应能力强的、稳健的计划。有时当我们报名参加“财务规划”或“财务建议”培训时，我们真正得到的是狭隘的投资建议：选择股票、债券或属于“好”投资的基金。

但有什么好处呢？我希望明确指出这一点：如果你的投资行为发生在一个编制清晰的计划之外——这意味着部分或者所有投资都不明确符

合既定目标——那么你是在投机，而不是在投资。《爱丽丝梦游仙境》（*Alice in Wonderland*）中的这种交流对很多个体如何制定他们的财务规划做了令人遗憾的总结。

爱丽丝：可以告诉我该走哪条路吗？

柴郡猫：这主要取决于你想去哪儿啦。

爱丽丝：去哪儿都无所谓。

柴郡猫：那么你走哪条路也不重要了。

爱丽丝：……只要我能去那里就好。

柴郡猫：哦，如果你真要这么做的话，只管沿着路走下去就好啦。

没有目的性，我们自由漫步。我们中的大多数人变得非常善于为我们的终点辩护，但会不情愿地承认那未必是我们想去的地方。

获得平衡

财务规划的核心是同步你的资产和负债，通俗地说，就是你所拥有的与你所亏欠的。说起控制你的财富生活的第一步，没有比编制一张个人资产负债表更重要的了。

好消息是，编制你的财务记分卡要相对简单一些……

你的财务记分卡

拥有的		亏欠的		
住房	$300 k	抵押贷款	$150 k	
退休金	$50 k	助学贷款	$40 k	
汽车	$25 k	汽车贷款	$10 k	
佣金	$15 k	信用卡	$5 k	净值 =+$190 k
收藏品	$5 k	——	——	
	$395 k	——	$205 k	

这个练习是在一列中列出你所拥有的（你的资产），并在另一列中列出你所亏欠的（你的负债）。将两列全部加起来便是你的净值。这就是你要开始的地方。

我注意到很少有人采取这一简单的步骤，所以动动纸笔会让你与众不同。大约每年更新一次，以便对你的财富健康做准确的检查。即使数字不合乎心意，但必须要有清醒的了解。所有有效的管理都始于准确的统计。

匹配游戏

有了一个起点，我们现在便可以设定我们的财富目标。我称之为匹配：我们希望尽可能准确地锁定个人财务目标。尽管我们操作起来终归是不精确的，但永远不会让完美成为优秀的敌人。[①]

① 作者在这里把伏尔泰的名言“Perfect is the enemy of good”（完美是优秀的敌人）当作了评判的对象。——译注

本着简化的精神，我们设计了两种财务目标：

1. 终极目标。在未来某个时刻，我们需要一次性付清某笔款项，比如一套房屋固定金额的订金。你知道确切的付款金额和准确的付款时间吗？不知道。不过你可以大致估计一下，比如说，先付 6 万美元订金，并花几年的时间买下一套 30 万美元的房屋（20% 订金）。终点目标可以这样画出来：

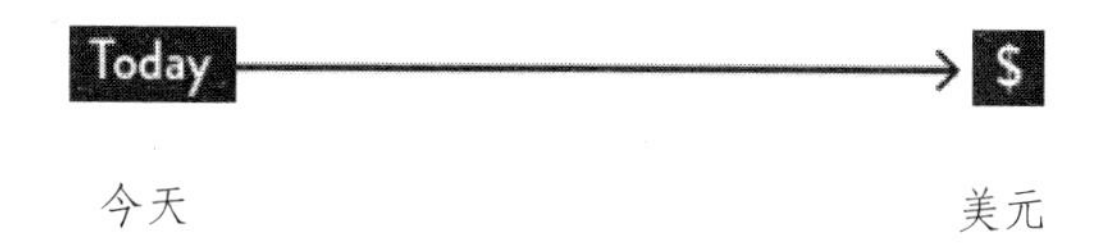

2. 流动目标。其他目标不涉及固定金额支付，而是稳定的收入流——通常是在一段不确定的时间内。到目前为止，最重要的例子就是退休。很多人认为退休是一个终极目标，但这种认识是错误的。他们会说，他们想积累 100 万美元的“储备金”，在他们决定停止工作后以此为生。可他们真正需要的是一份年收入，这样才能保持已经习惯的生活方式。这就是所谓的流动目标，未来每个目标的循环周期都是一年。

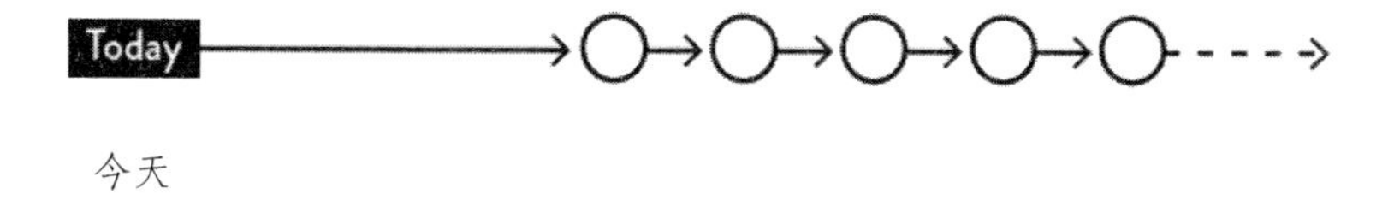

为了理解这一区别的相关性，我们可以大致对比一下两个最大的财务障碍：大学费用和退休。在规划大学费用时，我们所拥有的一个便利

条件是我们知道孩子的年龄，这意味着对于他们何时离开家门我们是心中有数的（希望如此）。举我自己的例子吧。我知道我女儿很可能在2025年上大学。或许她准备休学一年，或许她根本不想上大学，但说实话，什么时候需要开出一些大额支票，我的判断力还是很准确的。

包括一切费用在内，大学费用是一笔固定金额，即使它不是一次性支付的；不管那些付款横跨了4个、8个，还是若干个时间段，都是次要的。这里的奥秘不是时间跨度而是总金额。我们不知道我们的孩子要去哪里，被哪所学校录取，可以得到什么样的助学金，以及一所学校和另一所学校的费用差异。后者可能是巨额的——数十万美元。而实际上这样想是有些本末倒置了。我们存了多少钱、我们能借多少钱、我们能够负担多少费用决定了孩子能上哪所学校。

Today ——→ $ → $ → $ → $

今天

如前所述，退休是一个流动目标，而非终极目标。“储备金”概念看似很随意，但很让人侧目。[10] 与上大学不同的是，我们对什么时候正式退休没有好感。当然，一般认为我们将在65岁（或62岁，或任何时候）停止工作，但“新退休生活”并不是这样产生影响的，只需看看寿命的延长如何推动继续工作下去的需求与渴望就知道了。

尽管如此，未来当我们想要放慢速度的时候，我们会处在一个点上；当我们必须放慢速度时，也会有一个点——我们的身体和/或我们的思想会强迫我们。在那个未知的日子，我们将开始需要收入来维持有尊严的生活方式。在我们财富生活中，我们面临两项任务——计算收入和将资产转化为可靠的收入——它们是非常有难度和非常有压力的因素之一。[11]

Today ——→ ①→②→③- - - -→⑲→⑳→㉑→

今天

终极目标和流动目标有所不同。但我们遗憾地发现，它们确实都存在不精确的缺点。像养老金计划这样的制度执行起来更容易些，因为执行者可以精确计算未来的负债。他们知道在未来的某个固定的时间点上，他们将欠一批固定人数的领取养老金者一笔固定金额的养老金。他们可以通过明智的养老金计划让这些负债获得“免疫”。对于像我们这样的普通人来说，我们的负债更难估计。但个人比养老金制度面临更难境地的事实并不意味着我们不去尝试。“匹配”思维正是我们做好计划的利器。

在利用这种匹配协议时，需要把握一个重要的基本原则：这个目标在时间上越近，你愿意承担的风险应该越小。比如，考虑在大学储蓄账户中拥有股票。当我们的孩子很小的时候，这种财务规划便是一个好主意。在 10 年或 15 年的时间里，我们可以在经济上经受住股票市场上存在的不可避免的跌宕起伏。

当孩子已经 17 岁时，我们的承受能力就不是这样了。股票市场可能迅速下跌 20% 或更多。如果这种情况就发生在你开出一张大额支票前，那么你可能不仅面对账户大额亏空，还可能在市场糟糕的时候注销账户，以便实现止损。同样的逻辑也适用于退休。为了满足短期需求，人们可能拥有高风险资产，不过没有人为了弥补这一非受迫性过失而愿意推迟退休，更不要说放弃退休状态，回到工作岗位了。

希望匹配协议听起来合乎情理，但需要指出的是，真正实现了的情况少之又少。它也反对太多投资者和财务顾问最喜欢的消遣活动：跑赢大盘。那是一场愚蠢而毫无结果的游戏。匹配协议与我们现实的需要无关，而是与我们的自我联系在一起。

与目标有关的问题

规划目标可不像看上去那么简单。根本就没有多少人设定了明确的目标，遑论实现这些目标的计划了。财富记分卡和相关的匹配练习是一种补救尝试。但还存在一个问题：即使我们努力规划目标，这个游戏也与我们想象的稍有不同。人生并非一成不变的，不确定性无处不在。在很多情况下，我们不知道我们将来想要什么。事实上，最近的研究进一步表明，我们不知道将来我们会成为什么样的人。波佩[①]说："我就是我，这就是我的一切。"但我们并非平面卡通人物，我们未来的身份是一个移动的目标。

在一项引人注目的研究中，一组卓越的研究人员考察了1.9万个年龄在18—68岁的人的性格、价值观和偏好。他们发现那些品格的预期变化和实际变化之间存在很大差距。我们对生活的回顾不同于我们对生活的展望。研究人员发现，人们心甘情愿地承认他们这么多年来变成了现

① 美国动画片《大力水手》中的角色。——译注

在的样子——我就是我——但随后得出结论，他们都会随遇而安："人们可能会相信，他们现在的样子差不多就是明天的样子，尽管事实上他们不是昨天的样子。"这里的罪魁祸首是时间，它是"转变人们偏好、重塑他们的价值观，并改变其性格的强大力量"。[12] 我们将会知道，时间在我们追逐财富的过程中是很显眼的。

这种形式的研究为制定听起来合理的规划过程提供了工具。在我们制定未来财务规划的方式和我们的大脑天生所能适应的方式之间，存在一种自然的，但经常被忽视的紧张关系。正如财务规划大师迈克尔·基奇思（Michael Kitces）所写的那样：基于目标的投资所面临的根本挑战……是"我们实际上没有任何关于我们目标的真正线索"。

这番陈述很大胆，但我认为此言非虚。这表明我们的匹配协议需要在太一般化和过于具体化之间选择一条中间道路。我们希望规划的不仅仅是"更多"。不过过于具体的长期计划也会带来问题。我们有多么确定在一二十年内希望买下佛罗里达的度假别墅、游艇，或城中的高层公寓？正如我所指出的那样，我们很难预测我们未来想要什么。我们假设我们现在更喜欢的也是未来某个时间更喜欢的，我们的价值观不会改变，而且生活中的不可预测事件不会颠覆我们的假设。

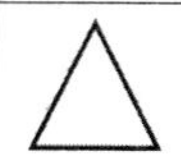

恰当地锁定你的目标。必要时做出改变。

实现

祝贺你

你做到了尽最大可能保护自己免受潜在灾难的影响；你有了安全感；你“很少出错”；你仍然有雄心壮志，但你愿意放弃一点利益以避免巨大的损失；你尽最大努力使你的资产与你的债务相匹配；你已经相应地调整了你的投资；你已经在更加地努力建立目标推动型生活的过程中实现了这一切，认识到事情永远不会完全按照计划进行，而且适应是人生旅途的关键技能。

接下来呢？从大处说，没了。你赢了金钱游戏！我们还记得，财富就是资金满足感。在这一点上，你应该为超越他人而取得的成就感到自豪和感激。享受它吧，这是你应得的。

不同的人用不同规模的银行账户来实现这一过程。问题在于校准：你把你的记分卡和你想要的生活同步起来了吗？如果做到了，那么你是富有的。不要轻视取得这项成就的艰巨程度。

现在我们可以实现“更多”了。我曾经强烈地抨击过这个概念，但如果在正确的时间以正确的方式追求的话，这个概念是可以被利用的。我们总是壮志凌云，在享受生活乐趣的同时，仍在努力争取更好的生活。

实际上，人们在这个阶段有不同的人生走向。你可以采取多种不同的形式满足在第四章中详述的 4C 原则。那些检验标准并不需要你积累一定数额的资金——很多人为了达到他们的财务目标而随意使用“数额”这个概念。所有那些目标都需要你去校准，而且经常涉及对除它们之外的目标的推动。从创造代际财富（比如，为孙子女支付大学费用，为不同的家庭成员提供信托财产）到承诺加入代表和促进个人价值观的慈善事业，人们的目标的范围是很广泛的。除了这些目标之外，很多人只是希望获得很多乐趣——培养兴趣爱好、旅游等。最后一点，这些都是非常个人化、非常特殊的决定。

懂得感恩

“实现”阶段的完成应该是自豪和喜悦的源泉。很多人都对其梦寐以求，但只有一些人到达那里。令人遗憾的是，财富通常表现为一个人拥有的金钱数额，这就导致这些梦想中有很多是不靠谱的。“只要我积累了多少多少钱，我就会快乐。”这是一种不健康的心态。但富人并不是富有的人。只有那些用资产负债表来调整自己幸福感的人，才能印证自己是真正富有的人。

财富增值和保值的关键要素是表达感激之情。在积极心理学领域，一些最有力的发现是，感恩和慷慨是幸福感的深层源泉，这其中包括体验式幸福和沉思式幸福。正如前一章所讨论的那样，慷慨和感恩是明智消费的主要做法。

心理学家罗伯特·埃蒙斯（Robert Emmons）提出了从感恩中获益的两个步骤。第一步，承认你的生活中存在美好事物。这一步骤听着容易，实施起来却很难，因为你会忍不住与其他人作比较。总会有人拥有更多，或者看上去更好。社交媒体加剧了本已不健康的习惯性思维，因为这是历史上第一次，我们每天都有机会去观察别人“快乐”的体验——凉爽的假期、快乐的节日夜晚、孩子优秀的体育成绩。例如，Facebook 和 Instagram 可能是抑制财富之路的独特而紧张的体验。虽然说起来容易做起来难，但思考一个人自己的进步而不是套用别人的标准来衡量自己却是更健康的做法。

第二步，你应该认识到，除了我们自己的决心之外，我们生活中许多好的结果都归功于别人的帮助以及一些运气的成分。[13] 埃蒙斯认为，感恩“意味着谦逊”，即承认我们不可能独自完成。这不是软弱的象征，而是对与他人积极联系的确认。[14] 这意味着一个人必须把内在的感激之情表现出来。感恩，包括表达善意，是人们在通往满足的道路上所能做的积极的自私之举之一。[15] 很少有如此持久影响力的行为是如此自由而轻松的。感恩能让人体验到世界的深刻变化。

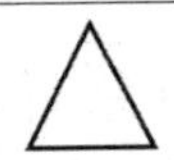

享受并心存感激。

第七章　做出决策

“投资所涉及的最重要的学科，不是会计学，也不是经济学，而是心理学。”

——霍华德·马克斯

“逆向思考，始终逆向思考。”

——查理·芒格

到目前为止，我以极为宽泛的笔触，并结合收入、消费、储蓄和投资等相关领域，探讨了财富生活。有了挣钱的能力，我们便为自己和家人建立起稳定的生活。大多数日常工作不仅满足谋生的基本需要，也在激励我们努力做得更好——做更多事，创造更多业绩，增长自己的财富。鉴于控制和能力是享受美好生活的四项检验标准中的两项，所以这一讨论是具有深远意义的。

口袋里有了钱，我们的日常需要和欲望便能得到满足。消费超过我们的收入是不可以做的事，尽管很多人一生都在这样做。另一些人则谨慎得过了头，手中死死握着可以用于实现未来目标或应对出乎意料逆境的硬通货。不过，即使明智消费和健康储蓄结合起来也还不够。对于人生更重要的事情和对幸福的依恋尤其如此，比如考上大学（能力），拥有一个温馨的家（控制），或者照顾年迈的父母（联系）。

这些愿望并不总是那么廉价，这就是投资的价值所在。为了比“安全的”银行账户所能达到的效果更好，我们将自己的储蓄置于风险之中。投资是不确定的领域，是对不可知未来所投的一系列赌注。投资可能很快就变得非常复杂，而且在情感上也令人纠结，这就是保持对适应性简化原则的忠诚度至关重要的原因。

在本章中，我整理出了我们的投资生活的主要优先事项，对普通人（非金融专家）来说，它就相当于在股票和债券市场上采购。

随着时间的推移，以下三个因素会带来良好的投资结果。

1. 你自己的行为。

2. 你的整体投资组合。

3. 你选择填充该投资组合的个人投资。

再说一次，三是神奇的数字。由此引出本书第二个三角形。

该三角形将常规做法置于其头部，以此表明最重要的也是最不起眼

的。在金钱的世界里，我们往往把注意力集中在眼前的事情上。用心理学家的话说，这叫“可用性”偏见。通过传统媒体的传播，如《华尔街日报》、CNBC、《巴伦周刊》，或者《今日美国报》财富版，我们最容易观察和思考的是个人投资，其中有成千上万种股票、债券和基金可供选择。那些拥有眼花缭乱近期表现的投资品种令人难以忽视，因为我们禁不住认为它们有机会让我们变得富有。

然而，最常见的情况是，表现最突出的未必是最重要的。特定资产配置只是整体投资组合的一部分。这正是我们建立和保持更为重要的整体投资组合的过程。而这个过程反过来又被我们自己决策的结果所拖累。

行为

赢得该赢的游戏

投资者的首要问题不是摸清市场，而是了解自己。正如市场观察者詹森·茨威格（Jason Zweig）所写的那样，成功并非源自“在与他人的比赛中击败他人，而在于与你自己的比赛中的自控能力”。心理学，而不是金融学，对实现我们的长期财务目标是最重要的。[1]

很久以前，我们便接受了这个观点。金融领域通常表现出复杂性和技术性的特点。而且有充分理由证实：金融业是一个利润丰厚的行业，这其中复杂性是一个重要且经常是无懈可击的竞争屏障。如果让事情变得过于简单，你就会失去你的潜在客户。

这个行业趋势向好。现在已有充分证据显示，我们的大脑天生就会犯一系列认知和情感上的错误。若要获得成功的财富生活，纠正这些错误便是重中之重的操作。如果直截了当地说某种被描述为“情绪”的东西干扰了好决策的做出是不可接受的。相反，最近的研究成果显示，我们现在所拥有的供个体设定和实现目标的真知灼见是极为丰富的。例如，丹尼尔·卡尼曼在2011年的畅销书《思考，快与慢》（*Thinking, Fast and Slow*）中，将行为金融学引入了主流学术圈。迈克尔·刘易斯（Michael Lewis）的《未完成的计划》（*The Undoing Project*）让这门反传统科学的发展具有生动的人物形象。理查德·泰勒（Richard Thaler）因对行为经济学的开创性研究获得了2017年诺贝尔经济学奖，这是对这一努力的又一次验证。

虽然有些人会漫不经心地声称，束缚我们的很多偏见是“非理性”的根源，但我并不赞同。我们不是非理性的，更不要说愚蠢了。我们是人，我们是正常的人。

粗略翻阅一下行为金融学文献，你就会发现大量内在怪异模式。系统1思维，或者说“快”大脑，与其中的很多模式有关。它一方面娴熟地保证我们安全和工作状态良好，另一方面又具有讽刺意味地产生感知、判断和决策等方面的系统性错误。

我已经接触到了各种各样的行为问题。在补充了其他一些内容之后，在此做一个简单的总结。很显然，行为叙述贯穿了这本书，并一直持续到最后，届时我们将探讨当前自我和未来自我之间的关系。

一般的和有影响力的偏见	
损失厌恶 损失带来的厌恶感甚于收益带来的喜悦感，这影响到我们如何寻求承担（或不承担）风险	过度自信偏见 我们认为我们知道的比实际表现出来的多，从而导致过度大胆的决策
证实偏见 我们寻找可以证实我们之前所持有信念的信息，从而抑制我们的学习能力	可用性偏见 我们更为看重明显可利用的信息，而且通常不去寻找不会立刻想到的信息
近因偏见 在做决策时，我们优先考虑最近遇到过的因素	禀赋效应 一旦我们拥有某种东西，我们倾向于赋予其更高的价值，使其更难按照平常状态卖出

这些偏见和许多其他因素会导致做出糟糕的决策或不做任何决策，这会让投资付出巨大代价。不过在此我们的目的并不是要获得对所有这些怪异模式的完美理解，因为就这些偏见本身而言，它们并不会转化成醒目的结果。作为共同开创这一完整研究领域的学者，当丹尼尔·卡尼曼被问及如何克服行为偏见时，他说："没什么办法。在这方面我有 40 年的经验，但我仍然犯下这些错误。知道错误并不是避免错误的诀窍。"[2]

因此，成功并不是要改变自己的旧习惯。成功的目的在于找到减轻不可避免的弱点和不可避免的错误所造成后果的方法。首先要认识到我们对财富和投资的体验到底有多么独特。我们在时间的长阴影下做出了很多决策。与生活中很多其他决定不同的是，当我们做出财务决策时和当我们因这些决策获得奖励或受到惩罚时，二者之间的时间差可能带给人的感觉是永恒。一般而言，人类所擅长的并不集中在权衡未来很多年以后某种可能性所带来的结果。

想象一下你享受最喜欢的芝士汉堡的经历吧。那种愉悦感甚至在餐厅里落座之前就开始出现了。当你产生渴望时，期待就开始起效，多巴胺在你的大脑中释放出来。期待对享受本身是极为重要的。你以前吃过这种芝士汉堡，所以你对它的味道、气味、外观、触感留有美好的感觉，甚至听起来就心仪不已。当你点了汉堡并等待品尝时，会有一个预期的但短暂的延迟。而当你开吃的时候——一切尽在不言中。你的 5 个感官都得到满足。开吃和享受之间并没有时间差。快乐感是瞬间爆发的。

投资也是一种消费形式，但无论从哪个方面讲，它都与芝士汉堡的美妙体验相反。购买证券通常不存在快乐的预期。或许，如果你有一个快速赚钱的最新消息，你的脉搏会加快。你对投资收益的期望值无论如何都是不完美的。正如我们将在正方形中看到的，对于我们的投资拥有一个清晰的和最新的期望值是很难实现的，这也解释了为什么有那么多人有糟糕的投资经历。在“消费”的时候，也就是当你正式拥有股票、债券或基金的时候，你的感觉就没有了，因为什么都没有发生过。的确，对于投资产品而言，我们所经历的是一种购买与享受之间以及消费与效用之间无休止的长期脱节。

在这么长的时间间隔里，人类有无数的机会把事情搞砸。

行为差距

在第一章里，我列举了自认为最有力度的数据，用以阐明情绪商数（EQ）如何在投资方面战胜理财商数（FQ）：事实上，我们是在系统性地高买低卖，这与常识——更不用说金融理论——对我们的指示完全相悖。

压倒性的证据表明，我们的投资表现不佳。到2015年年底之前的20年里，美国股市市值几乎翻了4倍。在此期间，买入并持有的投资的平均收益为483%。但美国股票共同基金的投资者平均收益仅为251%。这种差价即被称为“行为差距”。

为什么投资者会把几乎一半的收益丢弃在一旁呢？一句话：进化使然。我们的生存本能迫使我们远离感知到的危险，并抓住感知到的机会。生活的方方面面莫不如此，当然也包括财富领域。当市场趋势向好时，投资者的情绪往往越发积极。牛市会带来更高昂的情绪，因为市场通常会在很长一段时间内保持上涨趋势，并在不断的怀疑声中频创新高。对于那些关注日常市场走势的人来说，那些新高刺激大脑中释放多巴胺（新高让人感觉良好），这使我们加大投资力度。

但当市场掉头向下时，就要小心了。这时我们大脑中的环境变得恶化，我们不太可能增加投资了。谁会“逢低”吸纳呢？几乎没有人这么做。事实上，当亏掉更多钱的预期似乎成为大概率事件时，我们倾向于退出。这是我们内在的生存本能在起作用。

有实质性证据支持这种贪婪和恐惧的循环。[3]请看下面图表中的两个数字。左边的数字是过去20年间美国大公司股票的年化收益率，这个数字是每年 8.2%。

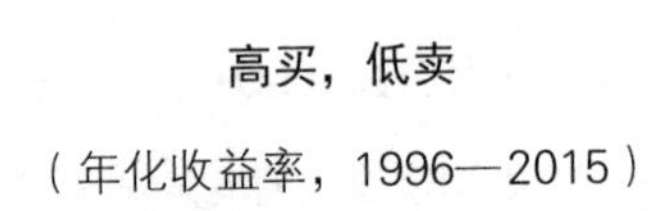

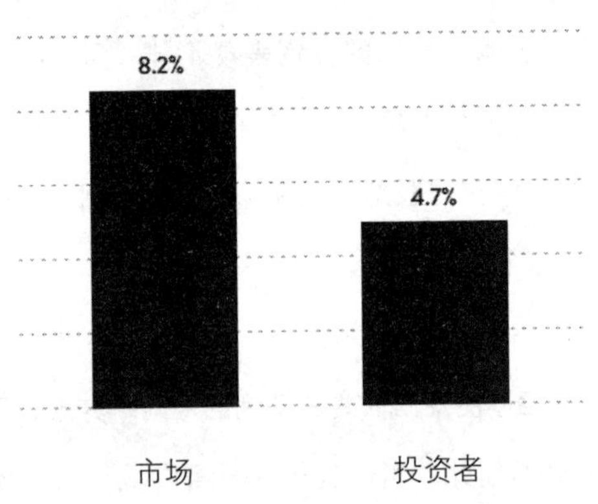

右边的数字更加复杂一些，因为它考虑了投资者在现实世界里的买卖决策。有时我们决定把一些资金投入市场中，有时我们把它撤出来。我们所使用的数据可以精确考察每一元钱的流动状况。经计算得出，在同一个 20 年时间段里，投资者平均投资收益率仅为 4.7%。[4]

百分比和其他金融统计数据是冰冷而抽象的。它们很少与普通人群产生共鸣。因此，很难在头脑里确定“8.2%”和“4.7%”之间差异的相关性。当我们审视现实世界中的美元成本时，便会更加深刻地理解高买低卖的影响。

糟糕决策的美元成本

（美元收益，1996—2015）

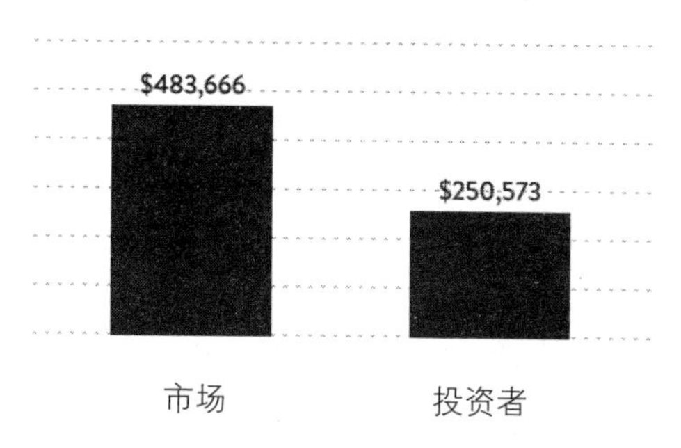

这两个数字之间的差距比较大。如果我们以一份 10 万美元的投资组合为例，那么在“设定并忘却”和“随意管理”两种不同投资策略指导下，二者的差距达到了 233093 美元（你可以根据你的喜好调整初始投资额，但此举不会改变 2 倍的差距）。如果你在 45 岁开始这个投资组合，一直坚持到 65 岁，那么拥有更好的投资行为会“买入”更多年头的舒适退休生活。

选择不做选择

在考虑作出明智决策时，一个重要特征是，我们是否真的有任何选择可以做，或者我们是否想要做出任何选择。在生活中，我们有时拥有很大的自由决定权。我们选择外出吃饭，而不是在家里吃饭；然后我们从众多餐馆中选择一家；再然后我们从丰富的菜单中选择我们想吃的任何菜肴。而在相反的情形下，我们被迫参加某人的晚宴，然后和我们不愿相处之人一起吃人家已经订好的菜肴。

这种类型的选择机制——是否拥有自由决定权——是我们在日常生活中经常遇到的，它出现在生活的各个方面——消费、健康、工作、交通、教育、金钱。它的构成及其后果通常是不值一提的。我们爱侣的朋友可能是一个大牌厨师，但我们吃到的可能是一份煎得过火的牛排。

但在某些领域，却并非不值一提。例如，我们中的一些人参加了雇主的退休计划。我们的固定工资的一小部分被自动存入该计划中。这将把我们的投资决策有效地交给"自动驾驶"来做。那些选择参加退休计划的人通常不会在后期选择退出。相比之下，大多数其他类型的投资都是由你自由决策的，你可以随心所欲地买卖。

我们举一个这两种方法的结果的显著例子，它可以充分证明这一点。在这一案例中，在同一时间框架内选择同一种基金的不同投资者获得了明显不同的结果：

投资 A 基金 10 年后 → 好结果

投资 A 基金 10 年后 → 坏结果

怎么会这样呢？差别就源自它们是那些在财富之旅中拥有自由决定权的人与那些选择"自动驾驶"的人之间的对决。

当我们对比同一种投资采用的自由决定权和"自动驾驶"两种模式时，经常观察到截然不同的投资者结果。以全世界规模最大的共同基金"先锋 500 指数基金"（Vanguard 500 Index Fund）为例，该基金存在两种不同的模式，总资产约为6200亿美元。[5]投资组合完全相同，但一种模式与“自动驾驶”的退休账户挂钩；另一种模式与自由决定权的账户挂钩。这两种模式基金的唯一实际差别是成本上的非实质性差异（以美元计，仅有极其微小的差异）。

可以想见，两种基金的投资表现几乎是一样的。以10年跨度为例，自动驾驶模式（VINIX）每年的收益率是6.9%，而自由决定权模式（VFINX）每年的收益率是6.8%——一个可以解释为小额费率差的微小差别。[6]

当我们深入研究数字时，这番图景变得更为有趣。自由决定权模式基金的行为差距很大。与实际6.8%的收益率相比，该基金投资者的平均收益率只有4.3%。因为这一时间跨度包括2008年，所以大部分行为差距都可以解释为因金融危机期间的冲动性抛售且在市场稳定下来之后未恢复投资导致的。

约束条件下的收益对比					
自由决定权模式投资者（VFINX）			自动驾驶模式投资者（VINIX）		
实际收益率 6.8%	投资者收益率 4.3%	行为差距 -2.5%	实际收益率 6.9%	投资者收益率 7.7%	行为差距 +0.8%

自动驾驶模式投资者的表现要好得多。虽然VINIX年收益率为6.9%，但自动驾驶模式投资者每年的收益率达到了7.7%——二者的行为差距竟然为负值，原因何在？这是因为VINIX投资者采用美元成本平均法应对市场好坏的变化。他们在2008年（金融危机）时不太可能卖出投资份额。

当市场下行时，他们买进更多份额，而当市场上行时，他们买入较少份额——稍稍倾向于低买高卖。因此，VINIX 投资者的表现超出了他们自己购买基金的表现。

所以自动驾驶模式投资者比自由决定权模式投资者拥有好得多的投资体验。这种好 / 坏决策所带来的实际美元效果是巨大的。例如，平均投资账户余额 100000 美元的 VFINX 投资者在下一个 10 年末的余额为 160630 美元，与之相对的 VINIX 投资者的账户余额为 260087 美元——相差了 62%。所以这种财务规划并非空中楼阁。这些都是可以改变我们生活的实实在在的美元。

在这种情况下，一组投资者并不比另一组“更聪明”。他们不太可能拥有 MBA 或金融学学位。相反，一个小组有很大的灵活性——而且滥用这种灵活性。另一个小组则通过开启自动驾驶模式而丧失了那种选择权，他们可以该干嘛干嘛去。

在投资时，手指稍稍发痒便会让麻烦缠身。当市场变得风雨飘摇时，我们几乎控制不住出逃的冲动。而一旦我们置之度外，那么我们可能会大大低估大盘回归的韧性。这是很自然的，我们的大脑天生就是这样的。

然而，冲动控制在一定程度上是可以实现的。通过适当的教养、指导和社交，个人可以强化他们的意志力。即使大多数可用数据点都指向糟糕的结果，但更好的结果也是有可能出现的。正如我们刚刚看到的那样，一个解决办法就是彻底取消自由决定权。当我们签署自动储蓄计划时，我们往往会取得更好的结果。

有一个美国历史上最成功的储蓄计划就是这样做的。通过一个小小的但非常重要的设计微调，设计“为明天储蓄更多”（Save More Tomorrow）计划的行为学家们为个人投资者带来了数十亿美元的额外储蓄。[7]这种微调为企业退休计划引入了“消极同意”：他们没有要求人们选择参加定期储蓄计划，而是自动为人们注册，然后要求人们根据自己的意愿选择退出。选择集和约束条件是相同的，但一个范式比另一个范式运行得更好。

我们常常没有如此奢华的建构，也没有自我控制。在这些情形下，重要的是与好的顾问合作，并向好的榜样看齐。我们从那些我们尊重的人身上得到悉心的指导，我们模仿那些我们喜欢的人的行为。与优秀的理财顾问一起工作的人往往有更好的结果，不是因为这些顾问对市场更敏感，而是因为他们擅长对不良投资行为进行检查，比如市场动荡期间的抛售行为。同样地，如果我们跟着快速赚钱的人群奔跑，我们更有可能跟上时代潮流，特别是在炫耀性消费方面：我的邻居刚刚买了辆新奥迪，那为什么我不换车呢？与那些拥有更健康消费习惯的人搭上关系会产生更健康的结果。经典理财书《邻家的百万富翁》（*The Millionaire Next Door*）讲述了一些节俭的百万富翁的故事。在他们生活的社区里，那里的人没有与他人攀比的冲动。[8]

即使从更深层次上讲，我们也要努力将决策转变成习惯：将合理的理财决策转变成我们不再思考的惯例。我们只是去做（如定期储蓄）或不去做（如超出我们承受能力的生活）。找到更好的习惯是适应性简化的重要表达方式，因为它意味着我们可以消除自我控制的心理压力、频繁的决策以及额外消费（常常是无用的）信息。

当我们心中的浮躁与时间的宁静延伸碰撞时，我们砥砺奋进。我们掌握着自己长期成功的钥匙，尽管有时会忘却。有规律的、始终如一的和有纪律的投资是令人欣赏的——尤其是当我们不假思索地决策的时候。更好的理财体验是人人都可以享受到的。

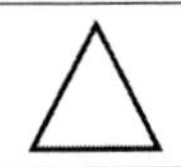

你自己的行为是迄今为止取得投资成功最为重要的因素。

投资组合

在广阔的行为“天空”下，在苍茫的传统金融学“领地”上，有三条途径可以帮助投资者做出巧妙的投资决策：选择正确的市场，在那些市场中选择正确的构成要素，以及选择进入和退出那些市场的适当时间。用更加玄妙的话讲，这些途径也被称为资产配置、证券选择和市场时机的选择。

我现在通过明确的表述驳斥第三条，市场时机是不可能把握的。还是就此打消任何幻想吧。偶尔猜对了市场的上涨或下跌无法证明你的市场时机把握能力。至多也就是有一些专业交易员或投机者能够做出好的策略性买卖决策。那是一个与任何个人投资者或理财顾问正在玩或应该玩的有所不同的游戏。拨开浮夸的辞藻来看，市场时机的选择是一个愚蠢的差事。

这样的话，明智投资的来源还剩两条：合理配置资产和选择具体的证券品种。资产配置更为重要，主要是因为存在一个因素：离散程度。这个统计学上的概念着眼于一个人在做出任何决定时有多少可以施展的空间。它被定义为选单上的特定选择之间存在多大差异。当有很多迥然不同的选择可用时，你便有机会运用你的技能做出“正确”的选择。选择少了，机会也就有限了。

机场或当地商城的美食广场可以为资产配置和证券选择提供并不合拍但很恰当的借鉴。每当乘飞机旅行时，我一直从奥黑尔机场出发。在机场三号航站楼的美食广场，可供我选择的美食有：麦当劳、墨西哥卷饼、邓肯甜甜圈、雷吉奥披萨、奥布赖恩简餐、火锅、比思慕思快餐、普雷泰普快餐和弗龙泰拉饼店。这 9 家店在所供应菜品上存在很大差异：汉堡、中餐、墨西哥餐、披萨饼、三明治和沙拉等。

你怎么做出一个令人满意的决定？首先，我会从这 9 家餐厅中选出一家。我有很多不同的选择，但我的喜好很关键，比如，我更喜欢墨西哥餐，而不是汉堡包。因此我倾向于选择弗龙泰拉饼店而不是麦当劳。而在这两家餐厅中，任何一家都有十几个或更多个具体选择，但总的来说，无论我在每份菜单中如何点餐，都会包含那家店的特色菜。不管是从巨无霸与足三两中选一个，还是选芝士蛋糕或烟熏猪肉煎蛋，一顿美食的首要驱动因素是餐厅，而次要驱动因素是特定菜单的选择。在效果上，麦当劳和弗龙泰拉饼店的差异——或者说分散程度——要大于这两家店内菜单的差异。选择心仪的餐厅比选择合适的菜品更为重要。

选择投资可以采用类似的思路。首当其冲的选择是“资产分类”——不同的投资分类通常拥有自己独特的逻辑。主要资产分类包括股票、固定收入、房地产、商品、货币和现金。在涉及具体分类时，我们主要关注的是三“大类”，即股票、债券和现金。而在具体的每一个分类中，还有很多宽泛而细微的区别。以股票这个分类为例，我们可以区分为本土公司和海外公司、大公司和小公司，以及分属于不同领域的公司，如技术、医疗保健或工业。固定收入也是如此，全球市场比股票市场大得多，也可以做出更多细分：政府债券、投资类公司、高收益、资产支持型证券以及抵押贷款等。在这个“美食广场”中，进一步细分的目的是帮助你处理所有这些选择的语言和分析上的困惑之处，所以不要为此感到不知所措。我们很快就会简化它。

对投资组合的需要在很大程度上取决于我们的生活环境。对具有时间延续性的目标——如几十年的考察时间——我们通常希望拥有股票。对于近期的目标——限定几年的时间，当然也是为了获得当前收入——选择起来就要复杂得多。如果其他因素相同，那么更为保守的投资更有助于短期目标的实现。

一项开创性研究清楚地显示，围绕适当的资产分类设计投资组合比按照具体资产设计更加重要。1986年，一项由加里·布林森（Gary Brinson）领导的研究分析了为什么一些机构投资者比其他机构投资者创造了更好的业绩。[9] 他们得出结论称：在资产配置、证券选择和市场时机这三个潜在的业绩驱动因素中，第一个因素是迄今为止最具影响力的。

94% 的业绩差异可以通过资产配置上的差异得到解释。而证券选择和市场时机并非有意义的参与者。这是一个了不起的发现，它一直饱受争议，但始终被普遍接受。

罗杰·伊博森（Roger Ibbotson）和保罗·卡普兰（Paul Kaplan）在 2000 年进行的一项后续研究中证实，在投资者中，“大约 90%”的业绩差异可以通过资产配置得到解释［也可参考他们发表的一篇文章《基金政策基准的可变性》（*The Variability of the Fund's Policy Benchmark*）］。[10] 一旦你决定把美国大公司的股票作为重要的投资组合配置，那么你拥有的是具体哪支美国大盘股票基金在重要性上就只能屈居次席。后者并非不重要，只不过它不是业绩的主要驱动力。如果因为你知道自己更喜欢墨西哥餐，那么你选择墨西哥餐而不是汉堡时，不管你点芝士蛋糕，还是烟熏猪肉煎蛋，你在弗龙泰拉饼店的体验都要好过麦当劳。

把适当的资产配置到位是至关重要的使命，但不要盲目迷恋精确度。理财专家、机构投资者和投资顾问的本职工作便是提出精确的投资组合建议。专家可能会看到一个投资组合的可操作性差异，比如股票的配置比例为 69% 而不是 71%。但在具体的理财操作中，我们经常做出无谓的区分。对于大多数投资组合而言，配置比例的这种微小变化在税务、交易成本、时间或心理能量等方面都是不值一提的。

现代投资组合理论之父哈里·马科维茨（Harry Markowitz）的传奇故事很好地诠释了这一点。马科维茨考虑过他个人投资组合的资产优化组合，但发现这个问题太复杂了，以至于无法用自己那睿智的大脑找到解决之道。“我本应该计算出资产分类的历史协方差，并画出一条有效边界。”马科维茨回忆道。但实际上，他却走了一条简单的行为路线：“如果股市上涨，我隔岸观火，或者股市下跌，我却重仓在手，可以想见这是多么令人沮丧的情况。于是我把我的资金在股票和债券之间做了五五分割。”马科维茨忍不住把这一里程碑式的理论运用到自己的资金上。“足够好”（good enough）的投资组合计划对这位诺贝尔奖获得者来说是可行的。它对我们来说也同样可行。

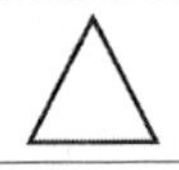

明智的资产配置对投资成功是至关重要的。

资产配置

相信大家还记得《威利·旺卡和巧克力工厂》开头的一段情节吧？游客们打开了通往大房间的小门，里面有巧克力河、糖果树和棒棒糖组成的花朵。这是一个激动人心的时刻，它为我们触发了一种惊奇和放纵的感觉。直到今天，而且我一直在怀疑，财经杂志和金融类电视节目也会使用一大批色彩鲜艳的糖果来吸引成年人，这种糖果可能让你变得非常富有。对于渴望成功的成年人来说，巧克力河就是“市场”——无数产品充斥其中，让我们充满希望，而且通常是那种贪婪的欲望。在某种情况下，我们每个人都是奥古斯塔[①]——投资者。

从 17 世纪的郁金香球茎[②]到 21 世纪的比特币，人们的眼睛都被这些

① 影片《威利·旺卡和巧克力工厂》中一个喜欢暴饮暴食的人物形象。——译注

② 指 17 世纪初人们投资荷兰郁金香的狂潮。——译注

最闪亮的东西迷住了。一提到财富领域，人们准会立刻盯住其所有的细分类别：股票、债券、货币、大宗商品、衍生品、共同基金、对冲基金、交易所指数基金、房地产，以及在疯狂的24–7全球市场中始终开启的其他机会。这并不是单纯的智力问题，而是让人心跳加快、瞳孔扩大、皮肤燥热和让大脑中的多巴胺加速释放的物质。

我们为设计投资组合而购买的各种资产很重要，但也仅限于在适应性简化的大背景下。在这种背景下，迄今为止，我们用圆形和三角形标记出了财富轨迹。同样，在修房建屋时，准确选择砖石木料是非常重要的，但也只有在选择了所在城镇、社区和建筑规划图之后才有意义。在适当的背景下，成功的证券选择可以为创造财富提供巨大支撑。微软的早期所有者可能过上了富裕的生活。安然的前老板可能身无分文。然而我们面临的挑战在于，试图挑选赢家——尤其是那些改变人生的大赢家——会产生某种心理偏见，从而增加做出糟糕决策的可能性。

有鉴于此，在选择合适的股票、债券或基金的过程中，我们的首要目标是少犯错误。我们希望避免对我们的投资组合造成严重破坏的单个投资。

避免成为输家不如打赌撞大运来得有趣。所以还是顺其自然吧。事实上，大多数陷入投资组合困境的人都是那些发现投资“游戏”激动人心的人。股票和债券交易可能令人兴奋，但就像去赌场一样，很少有人以赢家身份离开拉斯维加斯。

挑选证券对任何人来说都不是一个轻松的游戏。[11] 每个投资者想在证券交易中获胜都必须搞清楚交易对方是谁。当你买东西的时候，有人在卖东西。同样，当你卖东西的时候，别人也在买东西。他们知道你不知道吗？事实上，你知道“他们”是谁吗？对方可能是对冲基金经理、超级计算机、财务顾问，也可能是你的傻瓜邻居艾德。你只是不知道而已。[12] 人们打扑克时常说的一句话是，如果你已经玩了 30 分钟，却不知道谁是傻瓜，那你就是那个傻瓜。这句话也适用于投资。

有一群受过高等教育的市场专业人士在寻找“优势”。因为即使稍微有点优势也能产生巨大的财富，所以很多人希望在市场博弈中一试身手。几十年的数据充分证实持续展现技能是非常困难的。根据标准普尔提供的数据，超过 4/5 的专业选股者在 5 年或 10 年的时间段内跑输大盘（大盘股、小盘股、国际概念股，等等）。[13]

与此同时，那些试图挑选最优基金的人——他们选择了那些相信自己可以展示持续技能的专家——也在财富之路上走得很辛苦。正如我在《投资者的悖论》（*The Investor's Paradox*）一书中所展示的那样，没有令人信服的证据表明，人们可以始终如一地挑选出表现卓越的人。无论个人还是机构——邻居艾德和专业养老基金经理——通常都是基于证券近期的强劲表现选择买入，并基于近期的疲弱表现考虑卖出。几乎毫无例外的是，我们的财富之旅始终没有什么改变。

当然，我们也看到了一抹希望之光：如果不从零和竞争的意义上讲，那些举足轻重的“博弈”——行为和投资组合设计——就轻松多了。在这种情况下，我们需要选择什么是合适的，什么是在不管任何情况下我们都可以坚持的。

我所景仰的一位投资传奇人物查理·芒格曾经说过：“逆向思考，始终逆向思考。”他这句话的意思是，面对常见问题要花时间换种思路思考。传统思维带来常规结果。在财富生活中，常规的结果没什么吸引力。

我们的三角形呈现三种主要的颠覆性形态——三种不同的思维方式。希望大家密切注意。

首先，我们优先考虑“少犯错误”而不是“更加正确”。管理风险比提高收益更重要。这种风险第一的心态是与现代财富文化的大多数因素相悖的。而这种心态恰好是历史上最伟大投资者的标志，也是使我们自己不被KO出局的保证。

其次，在最大化配置我们的资产之前，我们要消除债务隐患。很多理财建议仍然集中在选择重大投资甚至“打败市场”上。而我们的优先事项是处理好债务——不管它们如何难以界定，尤其是在遥远的将来，该做的依然要做。

最后，成功的投资从照镜子（自省）开始。如果两眼只看窗外或只盯着财经类电视节目，成功的根基会遭到破坏。随着时间的推移，心理学的变化无常将超越金融学的精确性。

我们现在转向正方形，在那里我们将继续思考财富增值、保值的奥秘。

策略

我们要在这一部分努力获得体面的结果

第八章　头脑

“事情应该力求简单，不过不能过于简单。”

——阿尔伯特·爱因斯坦

“疑惑并不会让人愉快，但肯定会让人觉得荒谬可笑。”

——伏尔泰

简单可不简单

回到19世纪40年代。伊格纳兹·塞麦尔维斯博士（Dr. Ignaz Semmelweis）感到心烦意乱。作为维也纳总医院产科的总住院医师，他目睹了越来越多的母亲在生产后几天内死亡。当时，一种名为“产褥热”的疾病在整个产科病房内大肆泛滥。

这种态势并未令他失去理智。他注意到初产妇的死亡率（大约1/10）高于在“社区分娩”（医院外）或在医院的助产士诊所分娩的死亡率，那里的死亡率“只有”1/25。这样看来，一个训练有素的医生对新妈妈的医疗失察是对初产妇最致命的伤害。

塞麦尔维斯痴迷于寻找解决方案，他从各个角度分析这个问题，有些猜测是合理的（母亲分娩时的体位），有些则不然（神父在听到另一起死亡消息后如何在病房内摇铃）。与此同时，病房里的其他医生在治疗发烧时继续使用“传统”方法，包括放血、挑破水疱、频繁灌肠，以及使用大量水蛭吸血等。不过，这些方法都没有效果。

塞麦尔维斯最后得出结论：“尸体颗粒”是罪魁祸首。19 世纪中叶的一个正常的日子里，在医院里可以看到医生在做从产科手术到病理解剖等大量手术。塞麦尔维斯推断，医生的脏手，尤其是那些沾满了尸体的血和内脏的手，感染了产妇，进而导致发烧，有时甚至死亡。

塞麦尔维斯的办法很简单：洗手。

或者至少在 21 世纪的我们听起来很简单。在历史上，其实并非很久以前，大多数医生很少想着在接触不同患者时洗手，或者说，有时根本就没想过。[1] 但这个方法确实有效。在这家维也纳医院里，在要求医生洗手后，“产褥热”致死率降至 1/100。

塞麦尔维斯的“简单”办法是医学史上的重大突破之一，在后来的几十年里推动了由约瑟夫·李斯特（Joseph Lister）和路易·巴斯德（Louis Pasteur）等人在 19 世纪提出的细菌致病理论的发展。我们现在认为理所当然的事在其初始阶段几乎是不可想象的。

简单很难

简单兼具原则和实践的特征，自然是吸引人的。每一代人都觉得自己的世界比过去复杂，因此，降噪的前景是诱人的。然而由于在很大程度上，人类实际上是渴望复杂的，所以简单比它最初出现时更难以捉摸。我们喜欢看到在生活的任何领域都有很多选择——无论是食物、朋友还是共同基金。在星巴克，排那么长的队等着点餐，也没有人抱怨。

我们感知到，在最深的层面上，选择是控制我们自己人生的代理人。因此，拥有更多选择会转化为更高的安全感。我们自然希望得到更多，主要不是因为我们贪婪，而是因为我们希望生存下去。

更复杂往往更有趣。在工作、爱情、艺术、休闲等各个方面，简单可能是乏味的。我们希望享受生活的丰富多彩，避免沉闷的千篇一律。[2]我们渴望见证"博物馆效应"：你愿意在一个有很多其他东西可以观察和欣赏的环境中欣赏你最喜欢的画；你想要一条你最喜欢的蓝色牛仔裤；或者想去街上那家很棒的泰国餐馆吃饭；你也希望拥有一个满满当当的衣柜和下载一个荟萃本地美食餐厅的 APP。多元化的确是生活的调味品，而且多元化很少与简单联系起来。

因此，复杂化反而成为卖点。虽然有些人可能抱怨宜家的货架通道或者芝士蛋糕工厂①的菜单，但顾客依然蜂拥而至。金融业也是如此。想获得良好的投资效果，其实只需要少数几个基本原则——尤其是低买高卖、多元化以及坚持你的计划——但我们未必成功遵循这些原则，部分原因在于对复杂性的偏见。从加密数字货币到对冲基金，财富世界大多数最令人兴奋的事情都非常复杂。"长期投资"是明智的建议，但谈论比

① 位于美国加利福尼亚州比弗利山庄的一间著名餐厅。——译注

特币确实更为有趣。

我们通常更喜欢复杂的解决方案，而不是我们所感知到的复杂的问题——那些具有很多维度和动因的问题。这就可以解释那些凤毛麟角的天才的吸引力，因为他们能够用别人做不到的方式实现简单化。最著名的例子是爱因斯坦。他用一个优雅的方程颠覆了人类对物理世界的理解，但就是这样一个方程式，他用了10年的时间才写出来。从亚里士多德（逻辑学）到达尔文（适者生存）再到史蒂夫·乔布斯（设计），其他偶像破坏者对世界的想象更加精致，从而创造了非凡的遗产。

简单几乎就从未轻松过。有些人喜欢把房子收拾得井井有条或经常清理电子邮件收件箱，正像这些人充分认识到的那样，熵，或者说混乱的倾向，是日常生活的一部分。

很少有哪个领域像投资这样对简化充满渴望。这是一个行话和数学公式满天飞的舞台，做事出错的风险很高。当你打开CNBC，拿起《华尔街日报》，接通彭博终端机电源，甚至与理财顾问沟通，复杂性可能处于支配地位。因此，简单是一种反击工具。但它很难获得，这就是按照适应性简化原则构建起有所准备的头脑会对我们有所帮助的原因。

对于投资决策而言，我们是按照期望值的满足程度衡量成功与否的。“好”决策是带来合理和适当结果的决策，而不是类似打败市场或战胜别人那样实现其他任意目标的决策。“坏”决策始于模糊的或不切实际的期望值。我们越容易把问题概念化，然后设定期望值，就越能为成功打下更好的基础。

在第九章中，我将介绍如何设定实事求是的投资期望值。但我们首先需要清理眼前的障碍物，以确保视野开阔。问题在于大脑在化繁为简的过程中存在两大障碍。它们是：

1. 分类。投资行业是一个语言雷区，充满了标签和模糊不清的术语。“这是什么？”听起来像是一个很基本的问题，但事实并非如此。

2. 概率。我们的大脑喜欢确定性，这种情况破坏了思考各种结果的能力。“可能性有多大？”问出此类问题是心态成熟的表现，但很少有人这样思考，他们更偏爱不正确的精确度而非正确的一般性。

虽然貌似深奥，但坦率地讨论标签和可能性是适应性简化过程的根本保证。我们将分开来讨论。首先，我将探讨一般性问题，然后再将其应用于投资实务。

分类

“这是什么？”

面对周围的世界，我不知道我们每人每天有多少次在潜意识中问这个问题。这个数字可能高得无法计算，因为我们的快大脑始终在观察、了解这个世界，并确认是否有任何混乱出现：这是正常的还是令人惊讶的？即使在本能地投入战斗或逃跑之前，我们也必须知道我们是遇到了狮子还是羔羊。

分类明确了我们的现实。从琐事到有关人类存亡的大事，它们扼杀了我们的日常生活体验。然而，我们对它们几乎没有任何想法。作家大卫·福斯特·华莱士（David Foster Wallace）曾讲过这样一则故事。

“有两条小鱼在游泳，它们碰巧遇到一条游向另一个方向的大鱼。大鱼向它们点头致意并说：‘早上好，孩子们，水怎么样？’这两条小鱼继续游了一会儿，最终一条看着另一条说：‘水到底是什么东西？’”[3]

分类无处不在，但通常是看不见的。尽管如此，它们还是会带来后果的，包括使我们投资者变得更好或更糟：那些能够拨开现代金融学的迷雾并参透术语的投资者在做出更好决策方面占有优势。

著名语言学家乔治·莱考夫（George Lakoff）这样写道：“分类不是一件可以掉以轻心的事情。没有什么比我们的思想、感知、行动和言语更基本的分类了。每当我们把某样东西视为一种事物的时候……我们就是在分类。”[4] 因为鉴于系统 1 思维的运转过程，我们本能地给日常生活中遇到的一切事物贴上标签或归到一起。当某样东西不好分类，或者似乎可以同时归入两个分类时，就需要系统 2 现身并搞清楚它的意思。

在讨论之前，首先明确一个分类是被视为具有共同特征的一个种类或分支的事物。它是由其成员的共同属性定义的。你家后院有榆树和橡树吧？它们都是“树”。如果后院里还有蕨类，我们便可以说你们家有“植物”。哈士奇和贵宾犬都是“狗”，如果把在房间里游荡的猫算在内，那么我们就是在讨论“动物”，或者也可以说“家庭宠物”。停在大门口的雪佛兰和福特都是“汽车”，如果加进来摩托车，再统称汽车就不合适了，但我们可以用“车辆”代替。

这看上去是一个神秘的符号学练习，但事实并非如此。恰恰相反，它告诉我们如何感知现实。在本质上，我们如何了解这个世界，也包括我们自己，是由我们所掌握的词语和分类推动的。

这是因为分类涉及的不只是描述这个世界，而是加以判断。当我们问某种东西为何物时，我们也会问它是好还是坏。大多数时候，这种问题都是无足挂齿的：有些人喜欢甜蜜素胜过原糖，尽管它们都是“甜味剂”，尽管它们对健康有不同的影响。

其他时候，它们的影响是存在的，尤其当涉及一个分类的感知纯度时。当某种事物不具备一个分类的所有有价值的特征时，它被认为是低价值的。美国的建立基于这样一个假设：黑肤色居民相当于一个“真实”人的 60%。同样，所有白人成年人都是公民，但只有“男人”才能投票。当前有关跨性别者权利的争论实际上是在争论分类的问题——当前的分类合不合适，合不合法。

某种事物找不到“合适分类”未必是坏事。那种前沿性质的“无合适分类”有时是创造力和革命的发动机。有关日心说、公民权、摇滚乐（“那不是音乐！”）的故事，以及破坏偶像主义的其他传奇，一直是人类进步的中心。但欣赏它们是系统 2 思维的势力范围。系统 1 顶多告诉我们某种东西是“相似的”或“不同的”。随着特征或维度数量的增加，它开始摇摆不定。因此，我们在应对没有明确意义的事物时，需要做额外的工作，努力向适应性简化靠拢。

现在，我们要借助语言学速成知识成为优秀的投资者。

分类和财富生活

就像大卫·福斯特·华莱士讲述的水故事一样，不管投资者是否意识到，他们都无时无刻不是在与分类打交道。

股票和债券、增长和收入、房地产和商品、积极成长型或逆向价值型、铁鹰策略和持保看涨期权策略、“带手柄的杯子”[1]和三重底……语言雷区一直延伸到地平线。可供我们买入的证券有成千上万种，我们相信它们都将为我们提供经济效益。事实上，它们都被指定了分类，而且从未仅仅被归入一个分类。某种证券可能同时属于“股票”“医疗保健股”“欧洲股”和“大盘股”，从而形成一个致密的、具有重叠描述的交叉网。然后，那些证券通过多空、杠杆、期权等各种策略被表达出来。我们也通过稳定而有意义的描述从喧嚣中获得解脱。

物理学家理查德·费曼（Richard Feynman）认为：“知道某种事物的名字并不等于了解了那种事物。”这一论点应当可以洞察需要了解的财富领域乃至任何其他领域。例如，我偶尔听到有人说他们投资了“共同基金”。但令人遗憾的是，这种说法反映了一种根本性的误解。没错，共同基金是一种消费者可以购买的产品，但从功能角度（为了达到特定的财务目标而承担预期风险）来看，共同基金不是一种“东西”。它与现在规模庞大的“交易所指数基金”是一样的，而后者就是稍稍改变形式的共同基金。经常听到有人这样说，“我的顾问把我投到了共同基金（或者交易所指数基金）中”，这就相当于推销员把你投入了一辆“交通工具”中。

① 证券走势的一种图形。——译注

只是它是汽车、卡车、摩托车呢，还是轮船呢？

随着更加深奥难懂的投资类型的出现，有关投资的话题正在变得越发棘手。它们可能涉及年金、抵押贷款、衍生产品或其他内容，拿“对冲基金”来说，我很大部分职业生涯都浸淫在这一市场当中。即使在受过严格培训的投资专业人士中，对冲基金尽职调查在本质上也是一种语言练习。它的目的是弄清楚投资“是”什么，以便我们能对它所要做的事情设定合理的期望值。通常是经过很多个小时的调查后才能找到答案。

一些人将对冲基金描述为一类旨在提供具有“类股票”收益率和“类债券”波动性的投资，但这两个术语本身的含义就很模糊。其他人则将它们定义为野心勃勃的致富快车。这两种描述都不正确，因为在事实上，“对冲基金”甚至都不是一个合法的投资分类；当然它也不是“东西”。如果我们以适当的策略分类——如“全球宏观策略”“套利策略”和“多/空策略”——深入研究一下金融世界的这个角落，我们很快就会发现它们与任何已有描述都不匹配。真是一团糟。

我们需要在不忽略相关信息的同时解析术语。我们该怎么做呢？答案始于对概括层次的思考。那么我们希望思考非常广泛的、包罗万象的分类呢，还是专注于狭隘而具体的分类呢？

在此，了解一点儿生物学知识或许对我们有所帮助。生命科学的基本分类标准就像那些分类一样清晰、明确。所谓分类标准是一个相互联系的、前后一致的分类体系，它贯穿了全球物种和具体物种。它们是通过等级系统定义的，每提高一个等级，普遍性就会比前一个等级提高一个层次。在生物学上，从最具独特性的等级到最具包容性的等级，我们拥有：种、属、科、目、纲、门、界和域。不同的特质或特征将成员联系在一起。举个特定物种的例子：红狐（Vulpes Vulpes）属于狐属（Vulpes），狐属属于犬科（Canidae），犬科动物包括所有的狐狸、狗、狼和豺。域处在等级系统的顶端，包括所有动物。

投资领域的大部分语言混乱现象集中在你选择关注的抽象层次上。晨星公司（Morningstar）是一间为投资者提供大量信息源的公司。我们可从该公司提供的一张投资领域层次图一窥究竟。

这里有一个非常基本的投资分类法，它只有两个抽象层次。较高的层次包括两大资产分类，即股票和债券。参考我们在第七章中讨论的内容，资产分类是一组具有相似特性和行为的证券。

投资分类法简图

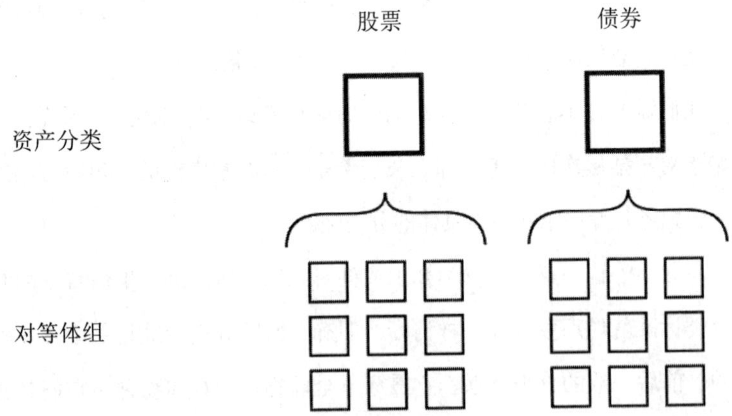

股票
债券
资产分类
对等体组

在这一分类法中，第二层次是细分的股票和债券分类，有时称为对等体组。晨星公司为每个分类提供了 9 个对等体组。对于股票基金而言，两个关键要素是它所投资公司的规模及其估值标准（例如，缓慢增长的公用事业类公司获得收益的过程要比快速增长的技术类公司成本慢得多）。债券基金的特点在于其信贷质量和对利率的敏感性。

因此，在这种情况下，投资者总共可以选择 18 个分类的证券，如中等市值股票或较高品质的短期债券。投资于所有共同基金的大多数资产都在这 18 个分类之中。

为了让一个分类发挥最大功用，它必须具有某些基本特征：定义明确、可衡量和不重叠。例如，在生物学上，红狐当然就是红狐。然而涉及领域分类时就不那么简单了。我刚才详细描述的分类法只是定义共同基金领域完整分类法的一部分：

稍微复杂的投资分类法

对等体组

（103）

具体选择

(2.4 万 +)

现在应该不难想象，在投资选择过程中，语言混乱是如何发生的了。我们来看上图：从上到下，从一般到具体。第一栏是所有基金，这个分类没有太大意义。第二栏是较为宽泛的资产分类，不仅包括股票和债券，更具体地说有：国内股票、国际股票、应纳税债券、免税债券、商品基金、特定行业基金、另类基金（即流动对冲基金）和配置基金（一组迥然不同的、只通过资产分类内部或跨资产分类动态配置配合使用的策略）。

这 7 种类型下面有 103 个分类，内容太多，不再列出。它们当然不遵循上面提到的不重叠特性。例如，很多“另类”基金和“配置”基金的主要投资方向是股票。国内和国际股票被设定成了不同的选择，而那些基本市场的主要驱动力是基本相同的。所有由行业基金持有的股票也将出现在各种多元化股权分类的基金中，等等。我可以在这里把这个分类法，或者分析师和投资者重点使用的任何其他分类法所面临的所有语言挑战都列出来。

正如我指出的那样，简单很难。那么，我们如何破解这些令人困惑的分类和其他术语呢？首先，我们问一个简单而有力的问题：这是什么？我们需要无数次的询问才能得到一个明确的答案。此时此刻，正方形的四个角（详见第九章）会为你提供充沛的动力。

这种思维模式一方面是试图把属性与功能区分开来。汽车有车门、轮胎和引擎，它也把人们从一个地方运送到另一个地方。在这些事实中，一个比另一个更有意义。为了实现投资目标，某种东西的功能比其属性更重要。如上所述，资产分类的官方定义是一组具有相似的特征和行为的证券，但我们看到即使一个形式化的定义也包含属性和功能。有时看起来相同的事物，其行为未必也是相同的。相反，那些看着不同的投资行为，其行为可能是相似的。

另一方面，我们承认，为某种事物贴上标签也是在判断它。它所从属的那个分类将同时具有一个经验上的和一个形式上的特性：它是什么，它是好还是坏？在投资领域，好与坏的主要判断标准是安全的还是有风险的。

这个分类（任选其一），及其内部的选择，是安全的还是有风险的？这里妄下定论可能是危险的。以股票和债券的基本区别为例，大多数人会说前者比后者的风险更大。但这一说法未必是正确的，原因有二：首先，事实上，既有一些风险非常高的债券，也有一些非常保守的股票。例如，大型公用事业类公司的股票和由小型生物技术公司发行的无担保债券。其次，这取决于你想要获得（或者避免）什么。如果你的目标是长期积累财富，那么债券的风险就比股票高，因为经过几十年时间后，股票的回报往往比债券高得多。债券的这种风险并不符合你的目标。相反，如果我们将风险定义为短期波动或迅速亏损，那么股票显然比债券的风险更大。说到底，安全或风险都是旁观者的视角。

□ 分类让我们对这个世界的了解变得清晰或感到困惑。

概率

“可能性有多大？”

我们不习惯从概率的角度考虑问题，而且这种对统计推理的不适是做出良好投资决策的绊脚石。

难在何处呢？因为人类喜欢确定性。那为什么我们不能把事情搞成确定的呢？这需要追溯到我们进化的生存本能上，我们头脑中的快思维会快速做出战斗或逃跑的决定。我们不会计算出老虎有 72% 的概率攻击我们，有 28% 的概率畏缩不前。我们是这样想的：看起来很危险，我要离开这里。从古人生活的大草原时代到现在，我们的思维就没有发生什么改变。

对不确定未来的主观概率分配是行为金融学的核心。例如，设想你自己处在下面的情境中：你走进一家金碧辉煌的赌场，正如你所看到的，在一个比足球场还大的区域里，彩灯闪烁、光彩迷离。一项项赌博活动正在进行中，不时有人在某张赌桌旁发出尖叫声，很显然有人刚刚赢了一把大的。等你进入现场后，你的脉搏跳动便开始加快，你首先来到轮盘赌桌前。轮盘赌也许是赌场里最不吓人的游戏了，因为它只不过是赌在轮盘上转动的 1—35 中的一个数字。甚至更简单的是，你可以赌与黑色或者红色数字相关的两种颜色中的一种。

你站在两张桌子之间，正在考虑今天晚上把第一个赌注下到哪个轮盘上。为了方便起见，每张轮盘赌桌上都有一面数字显示屏，显示该轮盘最近出的结果。下面是两张赌桌结果的简单展示，显示颜色——黑色（B）或红色（R）——但不显示数字：

赌桌 1：BBBBBBB

赌桌 2：BRRBBRB

你准备在哪张赌桌下注?

好像唯恐我们认为赌场经营者心地高尚似的，那些显示器并不会为你提供有用的信息。相反，它们让你看到一个参考图形——一个并不存在的图形。这些符号利用了系统 1 思维，迫使我们从生活的几乎所有维度上观察参考图形。“懒惰的”系统 2 高挂免战牌，它等着被召唤解决更棘手的问题。

在赌场中，你可以看到赌桌 1 上的图形：一排 7 个黑色条纹。你直观地感觉到“黑色会带来好运气”，但你很快就会反应过来，你知道那不是真的。假设轮盘是非常平衡的，那么所有的结果都是随机的。赌桌 2 上显示的是一串混乱的颜色，但实质上与赌桌 1 的黑条纹的可能性是相同的。两串图形的机会是相同的。尽管如此，许多赌徒会本能地认为，恰恰因为它是一个平衡的轮盘，所以红色是“早就应该现身的”，因此他们下注红色。其他人可能看到黑色出现的势头，便押注黑色条纹会延续下去。无论出现哪种情况，我们都可以看到，一个并不存在的参考图形推动我们做出决定。

人类对随机性的感觉可不怎么舒服。由于系统 1 思维的影响，我们倾向于相信我们周围的世界是有秩序的，多半也是可预测的。但是我们经常被随机性所愚弄，从赌场或篮球场上的连战连胜，到我们职业生涯或抚养孩子的成功或失败，这方面的例子可谓不胜枚举。纳西姆·塔勒布（Nassim Taleb），这位著述颇丰且自信的概率专家，准确地观察到大多数事件比我们本能所认为的更加随机——这并不是说它们是完全随机的。[5]机会和运气在人生结果中扮演了重要的角色，但当被适当架构和分析时，有意义的参考图形正在等待你的发现。

因为人类与不确定性纠缠不清，所以我们的大脑通常工作起来就像一台“匆忙下结论的机器”。系统 1 就是一只忙碌的海狸，随时都能感知到世界。“如果结论可能是正确的，而且偶尔犯错误的代价可以接受，并且如果这种匆匆而为可以节省很多时间和精力”，那么匆忙下结论“就是有效率的”。我们让这世界比实际更简单和更有凝聚力。[6]

这样做的结果好坏参半。其中之一是过于重视低概率事件的可能性。我生于 20 世纪 70 年代，小时候的我害怕一大群原本在得克萨斯州上空盘旋的杀人蜜蜂会向北飞，祸害我所居住的宾夕法尼亚州西南地区。我无法回忆起我是如何面对这种恐惧的，但我清楚地记得当时的想法（蜜蜂从未来过）。

然而，仅凭想到了某件事，不管它的可能性有多么遥不可及，便足以刺激我们对未来前景作出糟糕的预测。这可比杀人蜂、鲨鱼攻击，或其他莫名的恐惧重要多了。同时可以解释尽管玩彩票或购买保险都是机会渺茫的和很花钱的赌博游戏，但它们的吸引力却非同一般。另外，它也提高了我们决策过程中很少发生的极端事件（如股市崩盘或患上绝症）的显著性。

我们对真实概率感到不适的另一个后果是，我们对可能性的感觉主要是由当时在我们面前出现的信息所塑造的。正如卡尼曼所言：“眼见即事实。”这种对定位在最容易从记忆中恢复出来的信息上的偏见会对我们接下来所思考的内容产生严重后果。在轮盘赌中，短而随机的颜色条纹感觉就像一种可执行的参考图形。类似地，“感觉”令人兴奋的社交媒体的股票飙升会继续下去。昨晚一则有关郊狼出没的新闻改变了我们对野生动物袭击可能性的一般估计。现在看来这种概率很高。

同样地，我们很容易使用传统智慧或其他毫无争议的假设来塑造我们对接下来会发生什么的感觉。例如，婴儿潮时代在股市中的境遇非常幸运。20 世纪 80 年代和 20 世纪 90 年代投资股市的收益率极高。这导致该时代中的很多人对股市随着时间推移所能带来的财富有了一种高涨的、有些不切实际的期待。

难以把握的概率给我们造成的第三个后果是，我们的决策非常容易受到问题架构方式的影响。举例说明：

· 治疗某种危险的疾病，一种药物有 5% 的死亡率。另外一种药物的存活率为 95%。你选择另外一种。

· 一包奶油芝士是“97% 脱脂”。一个竞争品牌标注为“脂肪含量 3%”。你选择第一个。

在这两种情况下，选择是相同的。但至少在一瞬间，你对选择对象的感觉却不是这样的。经济学家或统计学家可能对这种情况感到困惑，不过心理学家们很清楚。通常来讲，我们天生具有的直觉统计能力是比较弱的（不会立刻发现表象的背后是相同的），而且会在巧妙的语言运用下接受轻推。[7]

概率与财富生活

资本市场没有提供任何接近确定性的东西，因此人类使用心理捷径来了解它们——无论好坏。投资是在金融市场中冒险的行为，它是对不确定未来的一种有根据的猜测。[8] 如果我们不自觉地依靠不明确的捷径来做出那些决策，就会极其错误地管理我们的期望值，从而产生不好的结果。

首先，就像分类和投资一样，概率和投资的首要任务就是识别问题。更好的自知之明能产生更好的决策，进而也会产生更好的结果。说得具体些，我们必须承认随机性和运气在理财结果方面所发挥的作用。我们不仅看到了并不存在的参考图形，也为并不存在的结果分配了因果关系。她是一个非常聪明的投资组合经理，这种逻辑论证可能对其没有什么影响，因此她的基金的高回报都是源自技能。这或许是真的，但技能的作用几乎没有体现出来。我们默认的假设应该是运气或随机性占优势。技能远不如金融领域中很多人所设想的那样强势。

其次，我们应该努力考虑结果的范围，而不是精确的估计。正如我们将要在第九章中讨论的那样，传统观点认为股票的年收益率“大约10%”。人们也相信股票和债券之间的相关性很低。这两种说法都有道理，但都有误导性。相反，我们不应该从极端事件中推断出太多的东西。2007—2009 年熊市的惨烈打击仍然让很多投资者心有余悸，尽管悲剧再度上演的可能性很小。

通向简化的途径依赖于能够设定期望值，这种期望值在短期内——

不仅仅是几天，而是几年内——会暗示非常广泛的可能发生的结果。从长远来看，这个范围会缩小，但那是一个很少有人能够在情绪上适应的时间框架。

最后，我们希望认识到，也希望尽可能避免，类似彩票开奖的情况，即很高回报的概率非常渺茫。很多类型的投资符合这种情况，其中包括基于期权的策略、积极成长型股票（例如，寻找下一个网飞公司）或利润丰厚的一次性企业经营活动，如并购或 IPO。

当传奇经济学家约翰·梅纳德·凯恩斯（John Maynard Keynes）提出“与其落得精确的错误还不如大致正确”时，他很好地捕捉到了良好金融决策艺术的精髓。我们对模棱两可的厌恶——换句话说，对确定性和秩序的需要——通常会阻碍我们前进，但这是一种我们有能力克服的障碍，至少有时是这样的。

> 基于概率做决策是一种通往成功的非自然的但必要的途径。

金融学的假精确

没有人会错误地相信，充斥着数字和等式的金钱世界是以精确为特征的。它看上去是一个工程问题，经过一系列的明确步骤之后，人们得到一个唯一正确的解决方案。

呜呼，这种信念是不真实的，但这是件好事。投资活动远不像大多数人想象的那么精确，这意味着并非稍做准备，最终到达正确地点的过程就会比许多人想象的更容易实现。

听听史上伟大的投资者之一的查理·芒格是怎么说的："我们通常在买东西时……并不确切知道在什么地方会发生什么事，但结果会是令人满意的。"也许这是一个在股市赚了数十亿美元的人的某种虚伪的谦虚。但他的观点不仅重要，而且适用性广：接受博弈的不确定性，在追求更美好的事物时保持谦恭，成功的机会就很大。

一般而言，在我们的财富生活中，我们已经涵盖了用负担得起的方式来衡量生活是否有意义的各种观点。在做出成功投资决策的具体问题上，我们现在已经解决了两个妨碍清晰思考的主要障碍：模糊语言和不确定性带来的不适。回避行话和碰运气对于适应性简化原则的应用至关重要。它们是管理期望值时的强大工具。

在投资时，与这种努力相伴的是一句非常重要的话："我不知道。"承认不知道某事——尤其是涉及我们有多少信息可以支配时——是令人不快的。给人的感觉像是暴露弱点，这也是很少有人说出这些话的原因。

但考虑到谦恭——承认无知的情感能力——是包括芒格、巴菲特等人在内的一些世界上最成功投资者的特征。这不是一项我们与华尔街巨头自然联系在一起的特质，但事实上，谦恭剔除了过度自信，允许我们少犯错误，并最终以合理的比例组合我们的财富——在某种程度上与运气有一定关系。正如我在资金管理领域亲眼目睹的那样，投资者会把好的结果归因于技术，而把坏的结果归因于运气。不过这种说法太没有说服力了。毋庸讳言，和任何其他因素一样，运气也是我们在市场上取得成功的一个重要因素，这是一个不争的事实。

这些投资者成功的标志也同样适用于我们。即便是如此，但说起来容易做起来难。在社会上，我们都是天生的竞争者。我们不仅想要更多，而且要比别人多。J. P. 摩根曾经说过："当你看到邻居变得富有的时候，没有什么比它对你的财务判断造成的损害更严重的了。""赢得"投资游戏的真正途径是不让完美成为优秀的敌人，成为获得"体面结果"的敌人。

若要获得好的结果，我们需要付出真诚的努力，这也是更容易的路径。我们的心理能量是有限的。适应性简化的表现也许不那么好，但在这一点上，复杂性和冲动更有可能造成大破坏。在简化精神的指引下，我们现在可以明确地转向正方形的四个角了。

第九章　四个角

“获得满意的投资结果比大多数人意识到的要容易得多；而获得优异的结果要比看上去难上很多。”

——本杰明·格雷厄姆

“不要把苦差事都交给技术。”

——埃里克·贝克 & 拉吉姆

幸福生活的轨迹是由期望值塑造而成的。当未来满足或超出我们的期望值时，我们往往是快乐的；当其无法做到时，我们就不快乐了。实际情况比这还要复杂些，但程度并不太深。无论琐事还是神圣的事物都会受此影响。使用自动售货机和教孩子友善的经验是由相同的神经通路决定的。

我设计了这个正方形来管理投资结果的期望值。这个框架的内部流程是借助以分类和概率的形式凸显出来的问题驱动的。我们需要通过破解投资领域密集使用的行话来了解真正重要的事情。而且我们需要稍微解放我们的头脑，为完成它们的任务留出一定的活动空间和随机性。

有且仅有 4 个定量元素为所有潜在投资提供指导。[1]用术语来说，它们是：收益、波动性、相关性和流动性。如果这个分类法适当的话，相对于其他属性，它的分类是明确的和不能削减的。它们都是投资的基本元素。下面请看正方形的专业表演：

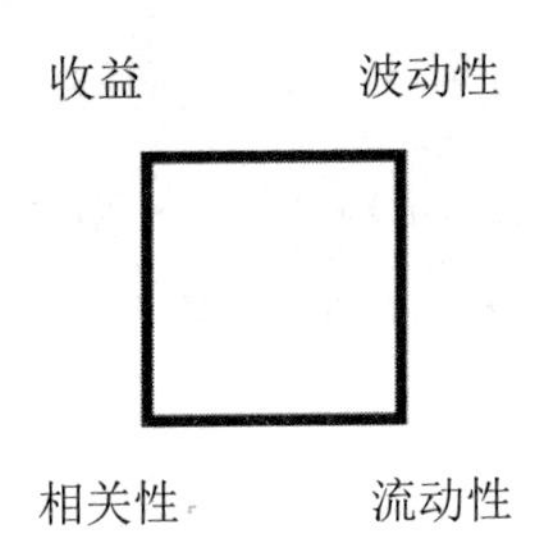

这些并不可靠的术语对普通人来说是模糊的，而对金融专业人士来说是非常精确的。虽然了解概念的原始名称是很重要的，但我们还是把它们转换成 4 个直观的标准：

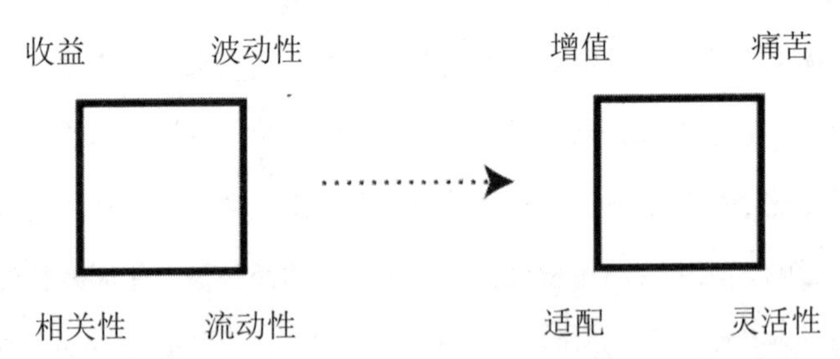

正方形是财富之路的末段，也是一个相当复杂的适应性简化元素。所以，让我们来明确一下此时此刻发生了什么。我们已经剖析了分类和概率如何影响认知和决策，并对二者有了基本了解，这样应该使系统 2 思维（在这个阶段至关重要）不那么烦人也更有效。作为一个始终如一并贯穿本书的主题，损失厌恶仍然具有重大意义（如缓解悲伤，减少错误）。在这种情况下，管理下行期望值比猜测最大上行期望值具有更高的精神价值。切记，成功的投资更多的是基于最低程度的后悔而不是最大程度的收益。

相反，我们不会试图提出唯一“正确”的答案来设计“最佳”投资组合。学者或投资专家可能渴望找到“最优”选择，但是正如我们从有效边界理论的创立者哈里·马科维茨那里学到的，足够接近通常就足够好了。最后，这种方法与“热门”投资水火不容。我的小女儿痴迷于独角兽，但我们不应该这样①。因为这是在浪费时间。

这里的目标是做出良好的投资决策。我们希望用简洁的方式架构关键问题，恰当地管理期望值，并且知道如何提出恰当的问题。但说起来容易做起来难，所以我们通过仔细审视每一个细节来稍微简化一下。

增值

我们购买金融资产以满足我们人生需求，为我们的梦想提供资金。我们将金融文献中所谓的“资本收益”称为收益或增值。我们希望将较小的东西变成更大的东西。从本质上讲，增值是我们从投资公司购买的主要“产品”。[2] 我们试图从数万种工具（股票、债券、基金等）清单中作出选择来实现金融资本的增值。从某种意义上说，其他三个“角”是

① “独角兽”是双关语。作者女儿喜欢动物独角兽，而作者指的是“独角兽公司”，即估值达 10 亿美元以上，且创办时间相对较短的公司。——译注

增值的限定性条件。

我们需要了解什么样的收益在近期和远期是合理的，这是期望值设定的“原爆点”。正如前面对概率的讨论所希望表明的那样，我们感兴趣的是确定什么是合理的结果范围。我们“正常的”投资收益率是多少？这显然取决于你所参与的市场。我将关注两个方面：美国股票和美国债券。

股票市场表现

对于股票，传统观点很简单：它们的年收益率大约是 10%。[3] 可以请教一下周围那些长期参与股票投资的人，如你的父亲或你的邻居，他们会告诉你这样一个数字，或许还稍高一点。你瞧，传统观点是包含某种真实元素的。大致是这样吧。

有必要先停下来，简单讨论一下，如何评估一段时间之后的增值问题。我们现在有大量按自然年统计的财务数据——尤其是在大众媒体上——可供讨论。“最近 ______ （填一个年份）市场表现如何？”这个问题在 CNBC、《华尔街日报》和其他新闻媒体上存在广泛关注。问题是，评估从 1 月 1 日到 12 月 31 日的市场结果太武断了！这样做有良好的文化动因（换句话说，这是很多人谈论市场的方式，所以它体现了一种社会均衡），但这样做没有比较好的、经得起推敲的理由。

相反，我更喜欢使用“滚动”的时间段。它们是从“第 1 天”到未来的另一个指定日期的相同时间段的快照。例如，从 1 月 1 日到 12 月 31 日的一年周期是一个系列时间段中的第一个滚动周期；第二个滚动周期是从 1 月 2 日到 1 月 1 日（次年）；第三个滚动周期是从 1 月 3 日到 1 月 2 日（次年），以此类推。评估单位可以是天、周、月等。在涉及一个完整世纪的分析时，每日数据肯定是过于庞大了，这时可采用月度窗口，如 1 月至 12 月、2 月至 1 月（次年）、3 月至 2 月（次年）等。

除了武断之外，使用自然年还大大限制了我们的观测次数，削弱了我们得出的任何结论的可靠性。1926—2017 年，有 92 个自然年的观测数据，它们是大多数分析师使用的美国股市（特别是标准普尔 500 指数）的可用数据集。相比之下，在前述时间跨度内，当使用月度窗口时，会有 1091 个滚动一年周期，而每日窗口则有数万个。有了更大的观测数据集，我们便会对我们的分析更有信心。好了，辅导课结束。

以下是美国股市在滚动时间周期（从 1 年到 10 年的滚动窗口）内的平均长期收益率的证据：

平均年化收益率（按滚动年统计）

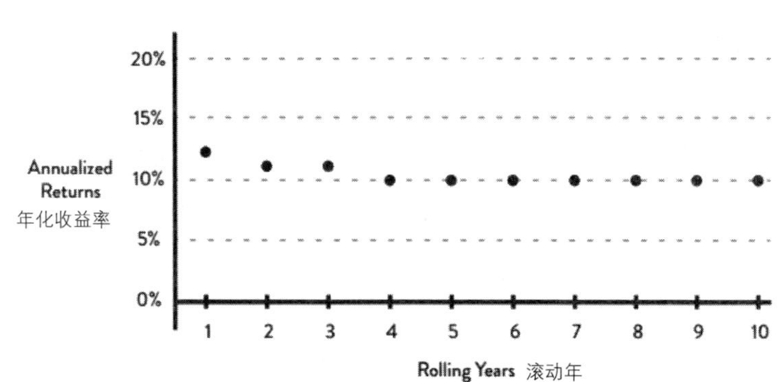

“大约 10%”的收益线是正确的。[4] 在一年和两年的时间周期里，由于短期业绩的剧烈波动——在那些窗口里是不平滑的——收益率略高，而在较长时间周期里，确实是平滑的。看上去整齐、漂亮。

令人遗憾的是，“大约 10%”是有误导性的。它违背了我们在追求财富的过程中一直试图建立起来的许多原则：

· 它设定的期望值不好。

· 它忽视了损失厌恶。

· 它跳过了概率问题。

· 它通常漠视投资者行为在推动长期结果方面的重要性。

有这样一个老梗：一个头在烤箱里、脚在冰箱里的人说他感觉到平衡的美妙。在各行各业存在各种各样的结果，在设定针对一项体验的期望值时，平均值变得非常具有误导性。恰恰因为人们喜欢使用自然年平均值，所以值得注意的是，在近一个世纪的现代市场历史中，市场甚至很少接近产生“平均”收益率。平均值并不能告诉你现实世界里人们的体验。

因为投资是一种情感过山车，所以我们必须了解结果的范围。第八章中提到的概率思维在这里很有用。以下是如何为市场设定期望值的“真实”视角，我们使用与上面相同的滚动月度数据。

年化收益率的范围（按滚动年统计）

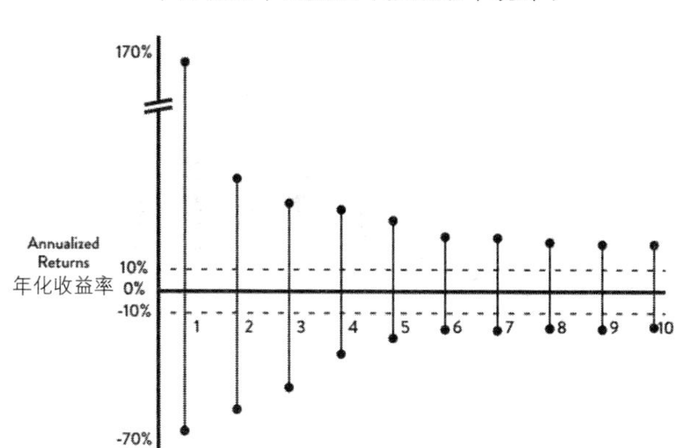

看起来很不一样啊！现在你可以清楚地看到，在较短的时间周期里，潜在结果的范围是巨大的。在 1000 多个滚动一年周期内，美国股市在一年中上涨了 166%，而在另一年中下跌了 67%。这些庞大的数据都是异常值，但较短时间窗口的结果范围主体依然比较长时间窗口的宽得多。由此可见，时间框架越长，结果范围越窄。到 6 年或 7 年时间框架时，结果范围稳定下来，因此作为长期投资者，看到这张图表后更容易设定期望值。即便如此，更容易并不意味着简单——即使在数十年的时间段里思考这个问题，仍然有很宽的潜在结果范围。

为了进一步说明这一点，我们用下面这张图表只显示一年滚动周期的结果分布情况。换言之，我基本上是提取了上一张图的第一根长垂线，并令其水平展示出来。

滚动一年收益率的分布情况

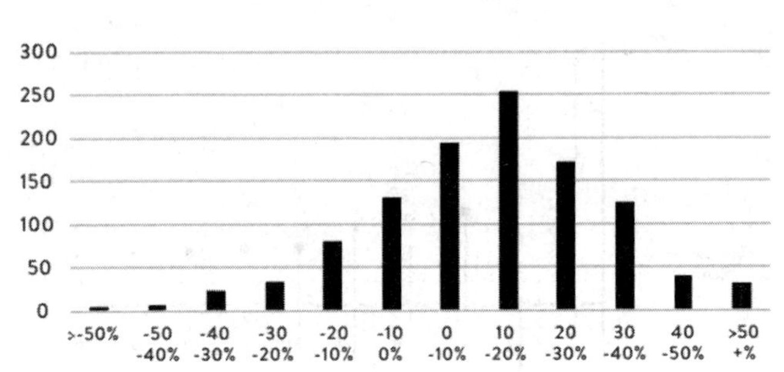

它类似一条“正态”分布曲线，有短小的“尾巴”和肥胖的中段。由此我们可以看出，在任何给定的一年周期内，美国股市的收益率通常都在 +40% 到 -20% 之间，这是一个很宽的范围。最常见的结果是在 0 到 +20%。但接下来请对比滚动 10 年周期的结果：

滚动十年收益率的分布情况

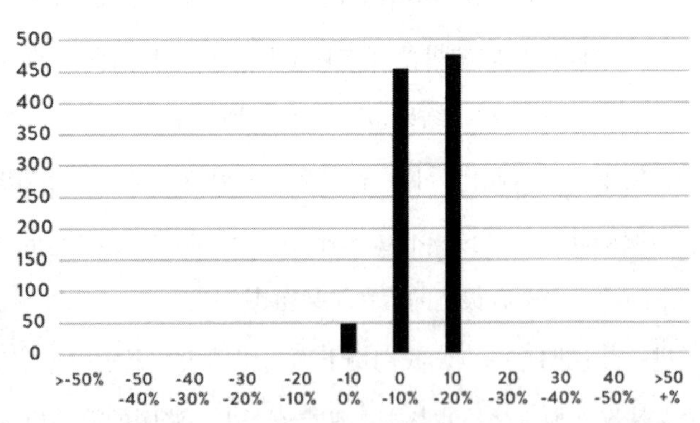

这张图表里没有“尾巴”了。几乎所有年化收益率的结果都是在 0—20% 之间。有些周期的滚动 10 年收益率是负值。重申一下：我们持有风险资产的时间越长，它们的表现就越有可能回归到接近长期平均水平。即便如此，即使在这种“长周期”中，仍然存在很宽的结果范围。比如，10年周期3%和15%年化收益率的差异便会对我们财富生活产生巨大影响。为了做出相应的财务规划，避免出现失望情绪，我们必须尽可能保持一种基于概率的心态。

单只股票表现

最后一点，一个额外的细节层面将进一步改善我们对资本增值的期望值。为了做到这一点，我们从广泛的“市场”结果转向单只股票的结果。这样说吧，股票市场是由单只股票组成的市场，很多投资者都只拥有单只股票，而不是宽泛的指数基金或积极管理型的一篮子股票（如共同基金）。

这一层面始于一个古怪的投资谜题：

· 股票市场创造了富有吸引力的、远超现金的长期收益。

· 大多数股票的长期表现逊于现金。

换句话说，大多数股票的表现很一般，甚至糟糕，但股票总体表现良好。研究显示，自1926年以来，58%的普通股票的终身收益率还不到一个月期的国库券的水平——与现金表现相当。[5]我们本来期望，从长远来看，大多数股票应该能够打败现金。事实并非如此。

怎么可能这样呢？首先，回顾一下第五章中的一个关键点：人们都说风险越大收益越大，但这种老生常谈的说法是不准确的。相反，承担更多风险会扩大潜在结果的范围：

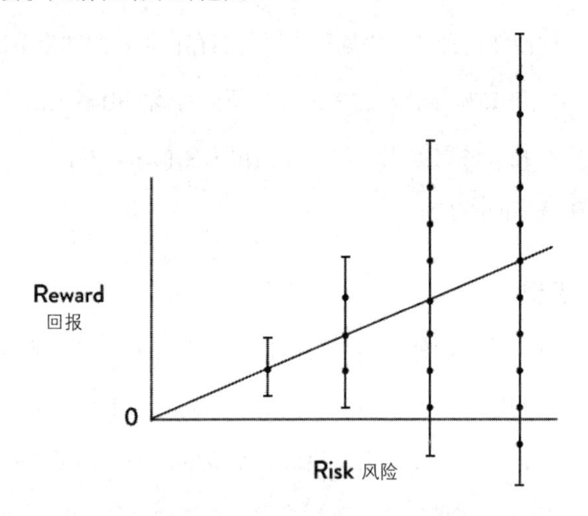

买入一只股票意味着购买了公司预期未来利润的一部分份额。当这些利润符合（或不符合）期望值时，投资者将受益（或遭受损失）。问题是很多公司都做得不那么好。很多我们耳熟能详的公司便存在这种情况（这是统计学上所谓“样本偏差”的很好的例子），而那些没有成功的小公司也入不了我们的法眼。

事实上，在过去的 90 年间，仅仅 4% 的公司便实现了整个美国股市的净收益[6]（在 2.6 万只股票中）。排名前 86 位的股票占据了此间所创造的 32 万亿美元财富的 50%。在看到这些数字时，我惊呆了。

为了更好地理解这一点，我们必须依靠一个有点复杂的统计学概念：偏态。首先，我们举一个现成的简单例子：我女儿是女童子军队员。童子军每年都举办饼干销售活动（销售数据是实打实的）。队里有 10 个女孩，其中 9 个只卖了价值 50 美元的饼干。我女儿卖了 100 美元的饼干(或许要归功于某人多买了几盒萨摩耶三角饺)。因此，这支队伍筹集了 550 美元，女童子军“平均”收入了 55 美元，这意味着 90% 的女孩的成绩“低于平均水平”。只有 1/10 的女孩“高于平均水平”。这是一个极端的例子，但是它显示了行动上的偏态：极端异常值创造的群体平均水平并不代表该群体的任何单个成员。

美国单只股票的历史具有相似的动态。值得注意的是，超过一半的股票在现代历史上的表现不如现金。但也有少部分股票出现惊人的结果。这张图表是整个历史阶段的一个子集，它很好地证实了前述分析。[7]

14455 只美国股票的总收益率（1989—2015）

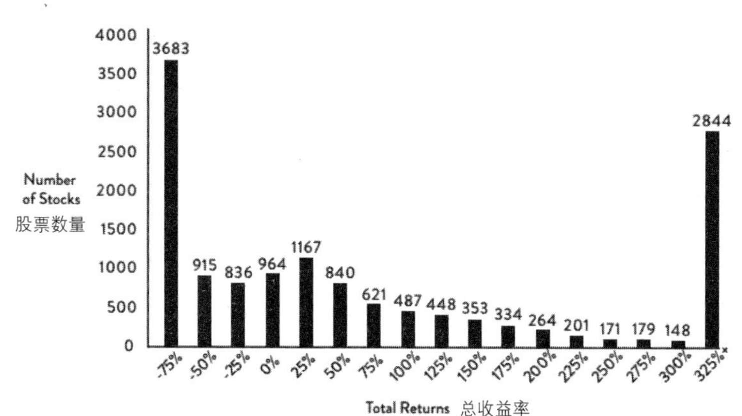

你所看到的是反向的钟形曲线！大多数事件都是极端的。不过在此你看到的图形与完整的历史数据集的表现是一样的，即在此期间超过一半的股票的表现不如现金。它折射出，如果仅仅依靠高水平数据和简单平均值的话，人们会在市场上感受到非常不同的情绪体验。

直觉检查：为什么这些都很重要？

此时此刻，一些读者可能会觉得，我们已经严重偏离了获得资金满足感的核心追求。不过我向你保证，我们已经走上正轨了。我们对我们的资本如何增值设定了明确的期望值，这是我们努力寻求简化的核心。由于正方形聚焦在数量较少但更为重要的因素上，所以我们可以更好地管理适应性简化所需要的心理能量，这种能量促使我们走向真正的财富之路。

目前我们所探讨的都是期望值管理。因此每当我们说股票的收益率“每年大约 10%”时，便把整个群组的结果归结为群组中单个成员的属性是错误的。这种认识有时被称为“区群谬误”。任何股票都可能是只死气沉沉的股票（如过去 10 年的通用电气），也可能是只一飞冲天的股票（如过去 10 年的亚马逊）。此外，它指向投资者参与市场的最重要策略：多元化。我们做不到只选择爆发之前的亚马逊，所以最好的办法是拥有市场中相当广泛的股票。

债券

标准投资组合的另一部分是债券。与股票相比，设定它的增值期望值相对容易些。在传统债券市场内，对于很大比例的债券——尤其是规范的公司债券和政府发行的债券——而言，起始收益率是债券到期时总收益率（资本增值加上应计收益）的合理预测指标。债券领域有很多纷繁复杂之处，因此值得注意的是，对于明显多元化的债券组合来说，这种普遍关系比任何单一债券都要真实。[8]下面这张图大致捕捉到了初始收益率与总收益率之间的关系：

初始收益率与总收益率之间的关系

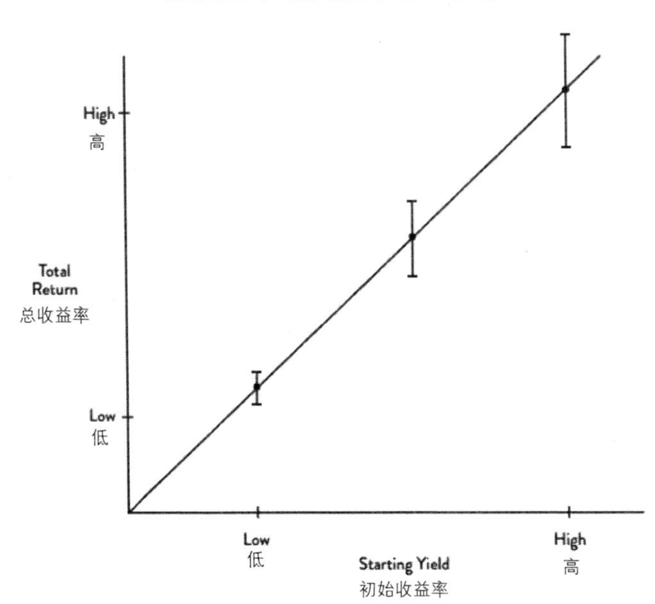

永远不要忽视债券资产的本质：它是对另一方——通常是政府或公司——的贷款。固定收入背后的数学运算非常复杂。即便如此，在该资本市场领域，首先要考虑的事项几乎总是借款人的信用度，有时被称为“信用风险”。如果你借钱给美国或瑞士政府，你将得到还款。想借钱给陷入困境的汽车零部件制造商吗？你可能没有得到预期收入和讨回本金的机会，它可以解释为什么在上面的图中，随着借款人的信用度下降，潜在结果的范围会扩大。作为一个始终如一的主题，承担更多的风险增加了未来结果的可变性，而且并非所有的结果都是令人愉快的。

有关增值的重要内容

随着金融资产的增值，期望值的管理有一个总体原则：你所付出的代价是长期结果的主要决定因素。具体说来，你付出的越多，得到的就越少。你付出的越少，你就会发现增值越多。

这种体验与其他大多数消费体验并不一致。每年我都带我的孩子参观芝加哥车展。我不是汽车迷，但是孩子们喜欢开车兜风，而且有些车造型炫酷。显而易见的是，花更多的钱可以买到更强大的引擎、更时尚的设计和更先进的工程和技术。在大多数消费决策中，我们都对价格和质量——或者至少对价格和特点——做出这种假设。然而，购买投资产品与收益的关系却恰恰相反：其他条件都一样，你付出的钱越多，你可能得到的结果就越差。虽然这种影响也适用于投资费用，但后者与估值的关系更密切：你愿意为公司利润、债券收益或其他内在价值衡量标准赋予多少价值。

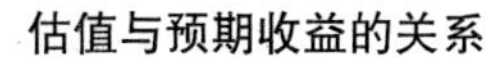

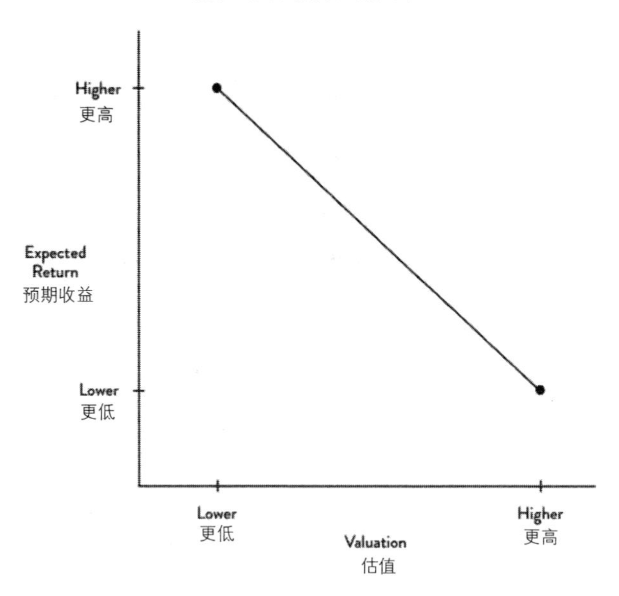

上面的图诠释了这个基本关系。随着估值攀升，预期收益下降。正如在第一章中援引的麦肯锡公司数据所反映的那样，撰写本书时的行业传统观点是：股票和债券市场都具有很高的价值。这意味着未来有较高可能性出现收益较低的环境。我们不知道未来会怎么样，但基于合理的概率设定总体增值期望值，而不只是以史为鉴，才是明智的计划方法。

☐ 维持合理的资本增值期望值。

痛苦

随着时间的推移，你所拥有的几乎所有事物的转售价格都会改变。你的汽车、书籍、房子、衣服、棒球卡和豆豆娃[①]——如果出售的话——今天的价格很可能与一个月或一年后的有所不同。这并不太令人不安，因为我们不希望频繁分流我们的财产。对你的大部分财富而言，价格也不总是透明的。这种状况因 eBay 和其他网络市场的出现而有所改变，但这种改变与我们大部分时间的想法并不相符。

投资便是一个例外，其价格每天都在变化，而且经常一天多变。这不同于说它们的价值每天都在变化，但在认识到这一点之时，我们便会遭遇到财富生活中具挑战性的问题之一：在不考虑资产的基础价值是否已经改变的情况下，如何在情绪上应对价格的波动。

在增值趋势的背后，资产的波动性是其另外一个突出的特征。波动性是那些工具在价格上的跳动。正是它激励我们做出短期的——而且经常是糟糕的——决策。因波动性的存在，投资者往往高买低卖，从而破坏了他们自己的经济前景。见诸本书其他角落的“行为差距”证据反映的就是无力承担短期价格波动。

波动性是实现我们所追求的资产增值的情感成本。随着时间的推移，股票和债券市场的长期增长曲线呈现显著的升值趋势。但这样的曲线并未表明，在财富之路上遇到众多难关时，坚定持有我们的投资的困难程度。

① 一种绒毛玩具。——译注

可供我们前进的财富之路很重要。要恰当地设定期望值，我们势必想知道这次旅行会是什么样子。它会有多糟糕？而且我愿意为此付出代价吗？

为了超越潜在的痛苦，我们希望看到的一件事是，设定波动性的期望值比设定收益率的期望值容易些。这是因为，一些资产分类始终比其他资产分类更易波动；股票比债券更易波动；小盘股比大盘股更易波动；高收益债券比投资级别债券更易波动。一般来说，从放贷（拥有债券）到利润分享（拥有股票）的道路是越来越坎坷的。与支付贷款利息能力的预测相比，短期利润几乎就是不可预测的。

即使波动性比收益率更具可预测性，但这种波动（即使在已知的情况下）会助长在贪婪（高买）和恐惧（卖低）的循环中做出错误的决定。波动性是获取潜在收益的“入场费”。

这种观点看似直截了当，却与普遍认识相悖——“波动性与风险不是一回事”。沃伦·巴菲特、霍华德·马克斯和其他杰出人物始终在散布这种误导性的概念。巴菲特和马克斯都是投资领域所必须拥有的那种思路清晰的思想家和作家，所以这里的脱节源自这些市场大师和普通人相互冲突的目标。市场大师们旨在超越某种基准和/或实现利润最大化，而我们所追求的是满足特定的人生目标。当然，“更多”听起来很棒，但我们现在能把宝宝哄睡着了就算成功。

风险是指你有可能无法实现财务目标。由此说来，波动性是重要的风险之一。当始料未及和准备不足时，你的投资的波动会迫使你退出游戏，然后再回到游戏中就很难了。回忆一下普通投资者是如何应对2008

年金融危机的。他或她在接近市场底部处抛售投资，造成巨额损失，然后好几年没有回归金融市场。

单从数字上讲，不管我们怎么称呼它，波动性都是一个很难理解的概念（从历史数据看，股票市场的“波动率”约为 17，不过这个数字没有直观的意义）。让波动在情感上更得到认同的最好方法是讨论缩水——一个紧密相关但更简单的概念。缩水是现实世界在任何特定市场、资产类别或其他投资上下降的程度。

以下是四个主要资产类别的最大历史缩水情况。[9]

五项指标大缩水

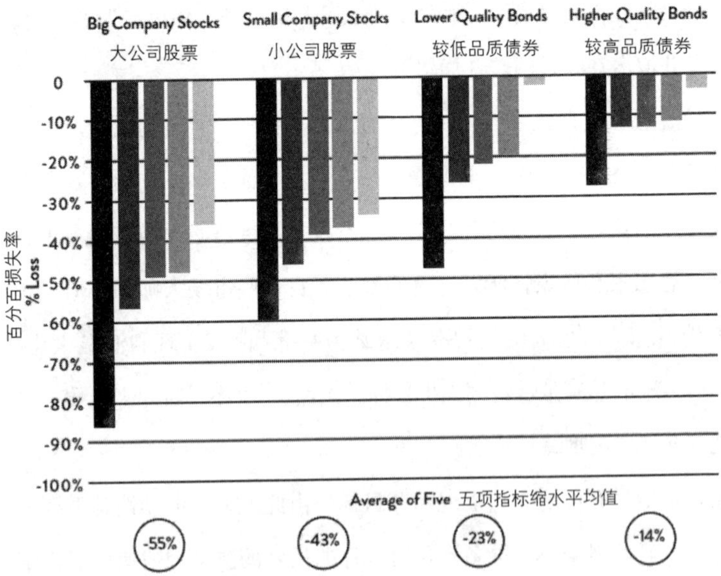

Big Company Stocks 大公司股票
Small Company Stocks 小公司股票
Lower Quality Bonds 较低品质债券
Higher Quality Bonds 较高品质债券
0
-10%
-20%
-30%
-40%
-50%
-60%
-70%
-80%
-90%
-100%
百分百损失率 % Loss
Average of Five 五项指标缩水平均值
-55%
-43%
-23%
-14%

由平均值数据可见，股票的现实世界体验比债券的更为动荡。但不良结果的范围表明：更保守的投资恐怕也无法避免急剧的损失。在某种程度上讲，投资者面对股票市场的损失比债券市场的损失更坦然，因为债券本来就假定为投资组合的“压仓货”。因此，恰当地管理期望值是至关重要的。

缩水具有行为成本。至少可以说，下面这张表几乎说不上科学，但它是基于投资者如何应对损失的观感编制的。

风险的直觉检查

下跌幅度	直觉反应	可能采取的行动
0 — -5%	“我不高兴，但没什么大不了的。”	重视起来，但不采取任何行动
-5% — -10%	“感觉不爽。肯定哪个环节出问题了。”	仔细审视投资组合。可能不采取任何行动，不过有些人可能会坐立不安；有些人可能会因自己以静制动的做法而感到“勇敢”
-10%— -15%	“太糟糕了。”	仔细考察资产清单，分析哪些是“可行的”，哪些是“不可行的”。为了“有所行动”而做出卖出的决定。目标是减少痛苦
-15%— -20%	“真的太糟糕了。”	研究彻底改变投资组合，重大交易活动
> -20%	“我都无可奈何了。”	恐慌性抛售，尤其是当损失超过30%—35%时。大多数投资者无法应对这种痛苦

随着损失加大，情感逐渐转为消极，而行动也变得更极端。缩水越甚，财富之旅越痛苦。

成功的投资是情感上的痛苦。

适配

我有很多抓绒外套。我不清楚你是否希望了解原因，但我会告诉你：我发现，无论是夏日的傍晚，还是12月的阴郁天气，它们在各种气候条件下穿着都非常舒适，所以特别适合芝加哥多变的季节。我也喜欢它们的款式，可以把一些小零碎儿放在酷酷的口袋里，而且它们很容易打包旅行。所以我买了很多，甚至超出了我的需要。

我们都是有习惯的生物。我们喜欢自己所喜欢的产品，通常也会反复回到同一个商家那里购买相同的产品。汽车、化妆品、服装、钓鱼工具——随便你想买什么。有时我们很容易忘记投资是一种消费形式，所以我们在购买SUV或眼线笔时所表现出来的很多行为和习惯也出现在我们的资本市场活动中。

我们通常拥有某种投资风格或投资方向。我们认为自己是“进取型的”或“保守型的”。我们喜欢感觉适合自己的特定行业或主题。我们被自己认为非常了解的事物所吸引，因为我们对其拥有更高的舒适水平。一个重要的例证是拥有你所供职公司（可以让你的金融资本和人力资本的赌注加倍）的股票，或者与你所供职公司相同类型的股票。例如，你在一家数字媒体公司工作，你在股票市场的投资会向Facebook和Twitter之类的公司倾斜。

此外，你倾向于将资金投向一个你认为你了解的地方，“本土偏好”是普遍的投资者行为。加拿大人、澳大利亚人、英国人、美国人和其他国家的人倾向于持有不成比例的本国股票。这是一种形式的可用性偏见——我们被我们面前的东西吸引，而不考虑看不见的东西。更糟糕的是所谓的“禀赋效应”，它从根本上表明我们因拥有某种东西而偏爱它。我们本已偏爱的东西变得更令人倾心。我们倾向于喜欢和持有我们已经拥有的东西。

买我们不喜欢的东西并不是自然而然去做的事。已经有了那么多抓绒外套，我可以马上拿起一件牛仔夹克，或者一件吸汗的露露乐蒙运动夹克来“平衡”一下。然而，在涉及投资时，我们就应该这样做。一个主要投资原则是拥有很多不同的投资，它们彼此并不相似。事实上，它们越不相似，就越好。我们的组合投资越不相关，就越有可能证明投资组合是一个可靠的、全天候的工具。

对任何投资者来说，包括最有经验的投资者在内，相关性是一个棘手的问题。这是一个精确而复杂的度量标准，它测量多重投资的“协方差”——也就是投资价格相互之间同步波动的程度。

那么，何苦这样呢？因为现代金融学的一个标志性发现——一个其实很实用的发现——是低相关性资产巧妙集合起来的投资组合为更平稳地获得更好的收益率提供了支持。更多增值，更少痛苦。因此，有必要了解下一项投资如何适配一个更大的投资计划。它如何改进我已经拥有的投资呢？值得吗？我是在冒着明显的风险呢，还是能让我已经拥有的投资翻倍呢?

这些关系不是你可以用肉眼看到的。精确地说，相关性的范围是从完全正相关到完全负相关。完全正相关是指两项资产的价格以完全步调一致的方式波动，即我左转，你也左转。而对负相关而言，则是我左转，你右转。可以通过精确的数学计算获得相关性，不过很多技巧都与科学有关。比如，选定的时间框架很重要。我们可以测量跨越数天、数周、数月或数年的相关性。这是一个有点武断的决定，但某件事是否“不相关”在一定程度上取决于你选择的时间框架。

另外，随着时间的推移，相关性会发生改变。它们是不稳定的。股票、债券、房地产等分类之间和分类之内的相关性的改变取决于环境的变化。这就是问题所在：当市场波动时，相关性往往激增，不过这恰恰是你不想要的。相关性是一个变化无常的朋友，通常出现在派对上，但很少出现在葬礼上。

以下是一张我们之前看到的 4 个主要资产类别的平均相关性（基于滚动 3 年周期，大约追溯至 40 年前）的简表。

主要资产分类的平均相关性

	大公司股票	小公司股票	较低品质债券	较高品质债券
大公司股票	1.00	—	—	—
小公司股票	0.80	1.00	—	—
较低品质债券	0.57	0.54	1.00	
较高品质债券	0.12	-0.03	0.33	1.00

相关性 1.00 意味着两项资产的价格相互之间步调一致的波动。就好比一大群鸟排着完美队形飞行。而当两项资产的价格没有任何关系的时候，它们的相关性为 0。一只松鼠在草地上奔跑的动作与鸟在天上的飞行路径无关。一个猎人可以瞄准鸟或松鼠，但不能同时锁定它们。投资组合中较低的相关性是安全之源。

前面这张简表未能捕捉到事物在现实世界中是如何一起波动的，所以它并不完整。而下面这张图表则有点复杂，因为它显示的是范围而不是估计值。但它却非常有助于我们管理期望值。

该图显示了大盘股与其余 3 个股票类别的滚动 3 年周期相关性的范围。你可以看到，在平均相关性周围存在非常宽泛的结果。沿每条垂线绘制的箱体代表了所有历史结果的 2/3，这是旨在捕捉“大多数时间里所发生事件”的敏感性。我们还可以看到这几十年间滚动 3 年周期的最大和最小相关性。大盘股与小盘股之间的相关性范围相对较窄，但当我们考察大盘股与较低品质债券，尤其是与较高品质债券的相关性时，其范围显著扩大。

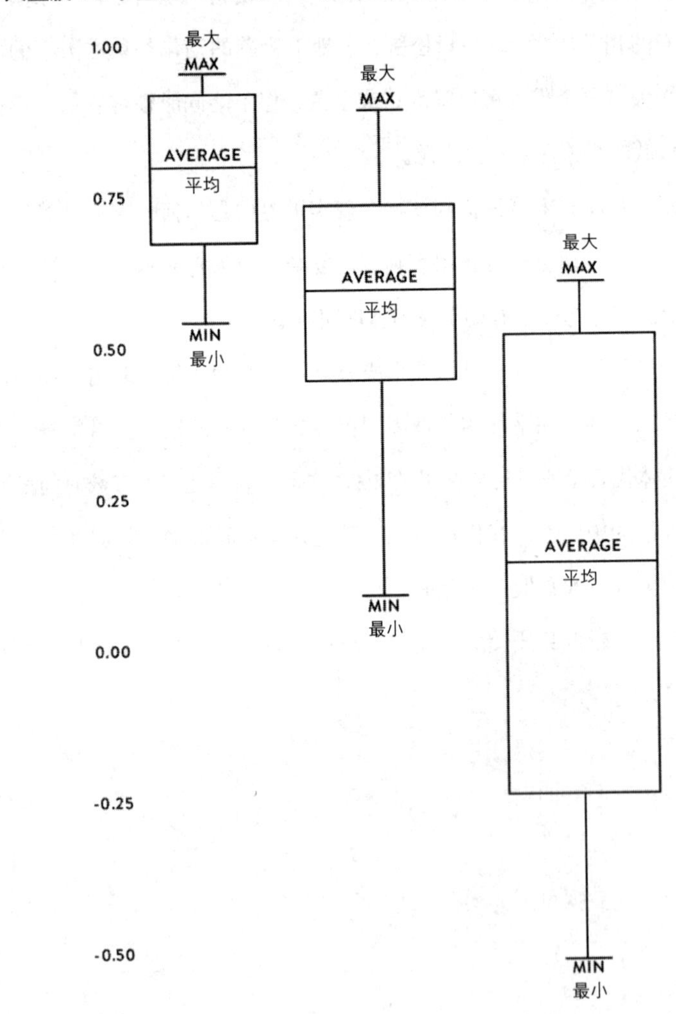
主要资产分类的相关性范围
大盘股 VS 小盘股
大盘股 VS 较低品质债券
大盘股 VS 较高品质债券
1.00
0.75
0.50
0.25
0.00
-0.25
-0.50
最大
MAX
AVERAGE
平均
MIN
最小
最大
MAX
AVERAGE
平均
MIN
最小
最大
MAX
AVERAGE
平均
MIN
最小

下面这张图则通过显示这些相关性范围随着时间推移如何波动而将相应的分析结果呈现出来。相关性的不稳定状态一目了然。尤其值得关注的是较高品质债券那条曲线：在20世纪80年代和20世纪90年代，它在低相关区域（但属于正相关）内波动，但在过去15年左右的时间里，它却变成了一种不同的形态。

大公司股票与其他资产类别的滚动三年周期相关性

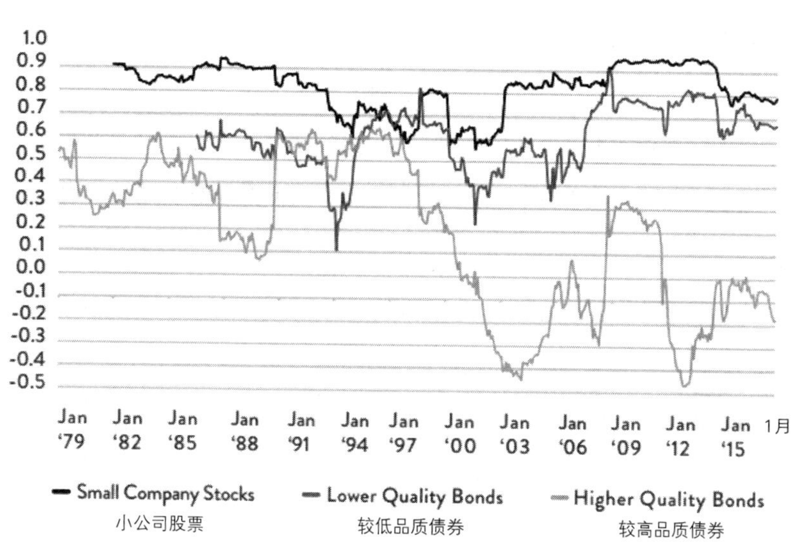

最后两张图表明，一项投资与另一项投资之间的任何静态关系可能都是不可靠的。

所有这些数据可能令人感到困惑，但在这样的背景下，投资者真正想要得到的是什么呢？它不是从技术角度讲更纯粹的低相关性概念，更确切地说，不是严峻的大盘形势下的不相关资产。我们真正的愿望是在大盘走势良好的时候，我们所有的投资都在上行，而在大盘走势糟糕的时候，做好防守。令人遗憾的是，这是我们几乎看不到的情况，而现实更倾向于呈现相反的情况：资产类别之间的相关性往往在金融危机期间上升，因为流动性在更恐慌的阶段趋于枯竭，而且很多正在筹集现金的投资者都是不加选择的卖家。到目前为止，与相关性变化无常的关系在2008年的金融危机中得到充分体现的机会，当时大多数资产和子资产类别的价格都在同步暴跌。

最后，拥有一篮子相互适配的投资，却意味着它们的步调并不完全一致，这在情感上是令人不快的。如果你拥有真正较低相关性的投资，这意味着你的投资组合中的某些东西在许多其他事情发生时不会“起作用”。

相关性推动多元化发展，而多元化是设计投资组合的最明智的工具。明智，没错，但也很烦人。投资者已经习惯性地相信，他们想要拥有一个多元化的投资组合，但是他们通常不喜欢多元化的现实。像蔬菜一样，多元化听起来很健康，但并不总是很好吃。在真正实现多元化的情况下，你的投资组合中总会有某种令人厌恶的东西。

如果不适配的话，即使那些看起来很有吸引力的投资也变得无关紧要。而如果适配的话，不经意间我们已经面临的，而且最坦然面对的风险便加倍了，这无疑是在自欺欺人，自认为我们的投资组合配置比实际情况更安全。与收益率一样，相关性往往会上下波动，让适配问题难以回答。了解历史结果的范围和我们所能做的同样有价值。

分散你的赌注，不管它让你感觉多么不适。

灵活性

投资的第四个也是最后一个元素是流动性。狭义地理解，这是你可以买卖某种东西的难易程度。如果我上亚马逊网站，可以立即选择埃尔莫·伦纳德（Elmore Leonard）的一本经典作品，付款并约定次日送达；但如果我想今天卖掉我的房子，就做不到。如果我和妻子想收养一个孩子，我们就要经历一个艰巨而漫长的过程；如果我们想为今天的晚餐买一些食材，可以立即得到它们，这毫无问题。《矮子当道》（*Get Shorty*）[①]和食品的市场是流动的，房子和婴儿的市场不是。

一键式网络券商（如 Schwab、Fidelity 或 eTrade）的突出表现给人的印象是，投资始终很便宜而且无懈可击。但事实并非如此。取决于投资类型的不同，存在一个从易到难的范围。在技术人员眼里，这是一个由买卖价差、做市商和超级计算机构成的世界。在存在各种各样投入的情况下，证券或多或少变得更具流动性。

然而，对于普通人来说，流动性是一个灵活性问题。它代表了改变一个人思想的能力。如果我想围绕中心点转动，可以做到吗？我会被卡住吗？如果是这样，那岂不是很糟糕？

能够围绕中心点朝不同方向旋转是我们生存本能的中心内容。这种

① 埃尔莫·伦纳德的小说。——译注

能力就是控制力——我们每个人都很看重的一种能力。摆脱束缚的自由和规划我们自己旅程的自由是强大的激励因素。很少有人渴望受到限制。

事实上，适应性简化原则的前提是改变一个人头脑的能力。整个中心环节都是建立在需要、机遇和应对变化能力的基础之上。与此同时，适应性简化也要求我们坚持一个计划。因此，在灵活性和纪律之间有一个很难做到正确的平衡做法。

正确对待“灵活性”优点的一个方法是询问你是否因放弃它而得到补偿。当你牺牲你所珍视的东西时，你得到了什么回报呢？在传统意义上的流动性方面，这个问题是每天由从事私募股权、房地产、能源合作等业务的成熟投资者提出的。那些身穿条纹衬衫[①]的家伙正在做的是，计算清楚多年以来为某人提供的资金所产生的回报是否会远超他们在具有完全流动性的市场里可能获得的潜在收益。换言之，他们正在为期权性风险——或者说机会成本——赋值。

这是正统金融学的内容，但我想再强调一个更加有意义的问题，即非灵活性的行为补偿。回想一下第七章中两支先锋共同基金的例子——投资组合相同，但结构不同。在一种情况下，该基金从属于自由决定权账户，人们每天都可以毫不费力地买进卖出。在另在一种情况下，该基金从属于退休账户，打理起来更加麻烦，而且还包括一个自动投资（或者说“设定好就不去管它了”）触发器。设计上的细微差别产生了极其不同的行为结果。那些具有较少灵活性的人获得了更好的结果。

① 指华尔街金融圈子的精英人士。——译注

设想一个场景：在25岁的时候，你投资了一大笔钱，然后在65岁退休后才会动它。除了末日降临，否则经过40年的积累，你的资金应该获得很高的收益率。你很可能会创造一个最好的投资业绩，甚至打败那些经验丰富的基金经理人，后者的目标是把握市场的短期涨跌。

正方形的这个角存在的问题是，人们在多大程度上愿意放弃控制权，以便允许他们的资产不受阻碍地增值。我们可以采用不同的“决策协议”来帮助我们取得良好的长期结果。第一个是《尤利西斯》中的场景：把自己绑在桅杆上，正如你提前知道的那样，你无法抗拒塞壬的召唤。在市场上，这意味着你知道波动性会欺骗你，所以你希望预先承诺一个策略并坚持到底。你抹杀了自己的自由决定权。在图谱的另一端是保持充分的灵活性和承认你需要耐心和纪律。这个协议的好处是你可以根据自己的需要改变和适应。

所有认真对待长期结果的现代投资者都应该考虑各种形式的、可用的预先承诺策略。有重要证据显示，随着时间的推移，那些在工作单位退休计划中采取自动投资策略的投资者往往会存下更多的钱，而且会做得更好。[10]这种惯常做法在熊市期间尤其有用，因为你是在市场变得更加便宜的时候启用自动投资的。另一套解决方案是所谓的“目标日期”基金，在此，你把目标锁定在你希望退休的那一年（如2040年），并且把该基金作为一个长达几十年的全自动投资项目运作。随着时间的推移，这些投资组合将从偏向股票转向偏向债券，这意味着建立起了投资组合再平衡和动态资产配置。

总而言之，尽管很难做出事先的主观判断，即“坚持到底”和“保持灵活”哪个是更好的建议，但投资者会通过接受折中方案来让自己处于有利的地位。

> □ 改变思想的能力是一把双刃剑。

正方形的四个角可以让我们灵活地管理投资期望值。通过对分类和概率做一定程度的了解，我们现在可以在恰当的抽象层次上提出恰当的问题：

- 对我的资金的增值有什么合理的期望值？
  - 最高层次：充分了解历史结果的范围。
  - 较深层次：清楚扣除物价上涨因素的——或者说“真实的”——数据比了解按照购买力从市场上“得到的”数据更为重要。
- 我能享受那些收益吗？或者说投资波动带来的情感上的不适会迫使我卖出投资吗？
  - 最高层次：充分了解投资缩水的历史。
  - 较深层次：清楚随着时间的推移一个资产类别的波动性是如何变化的。
- 当我考虑打造由数项投资构成的投资组合时，我是否建立了真正多元化的资产组合？而该组合是否包括了拖后腿的或看起来“不起作用”的资产呢？

▪ 最高层次：充分了解在市场危机期间相关性如何增大。

▪ 较深层次：清楚不同投资风格对你的整体投资组合业绩的影响程度所具有的含义。

• 让我改变有关我的个人投资和投资组合构成的想法的难易程度如何？

▪ 最高层次：充分认识到自由决定权是一把双刃剑。

▪ 较深层次：别自找麻烦——这个话题无疑太专业了，所以要注重了解你自己的倾向，而不是流动性技巧。

收益率、波动性、相关性和流动性的金融概念——更不用说更复杂的概念——是投资者有限心理能量的潜在陷阱。因此，对非核心理念的关注可以证明在推动获得资金满足感的后期阶段运用了适应性简化原则。

深入核心地带

当我们放松身心观察时，这个正方形轮廓的绝大部分空间都是空的。当我们昂首进入这段旅程的最后阶段时，这种观感也是自然的。

虽然此前我希望有关正方形的细节描述经证明是设置和管理投资组合期望值的可靠工具，尤其是在动荡时期，但对那些元素在感性与理性上的了解仍不足以带来成功。

它还需要努力克服一种观念，即只要合理的计划到位了，便可以高枕无忧。或者实际可行但几乎什么都不做。我们不光什么都不做，还寄希望于复利发挥作用。

复利在多得几乎超出我们想象的以进步为基调的故事中都是安静的主角。据说，爱因斯坦将其称为宇宙中最强大的力量，而杰弗里·韦斯特（Geoffrey West）轰动一时的专著《规模》（*Scale*）则详细描述了如何通过复利、指数增长和非线性的工具了解各种类型的复杂系统——城市、公司、我们的身体、工厂、金融市场。[11]（如果你认为概率是一种毫无价值的东西，那么你会喜欢非线性的。）

复利是一个基本的数学原理，即随着时间的推移，如果某种事物拥有自己的动量，那么它将以指数方式增长。查理·芒格解释说："复利的第一条规则：不要不必要地打断它。"它适用于我们喜欢的东西，如金钱。而对于那些我们不喜欢的，如债务，何时中断有害的复利则是当务之急。

下面的图中包含两点重要认识。我拿出 100 美元，每年按 8% 计算复利。第一点是，即使个位数的增长率也会随着时间的推移产生巨大的收益。在这种情况下，25 年后，我的 100 美元增值到本金的近七倍。直观理解这一点的一个简单技巧是"72 法则"，它告诉我们在每年采用固定复利率的条件下，一项投资要花多少时间才能翻倍。用 72 除以年利率的数值，你能大致估计出投资翻一倍需要多长时间。因此，如果年利率为 8%，那么 72÷8=9，即大约需要九年。

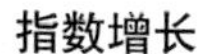

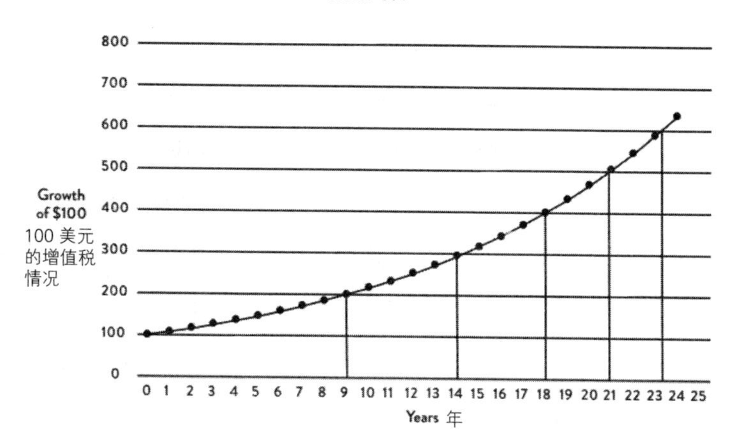

第二点甚至更有趣：随着资产的增值，某些尺度会加速。我在图上绘制了若干垂直线，以标记我们的投资从上一次翻倍到再次加倍的情况。你会注意到每个倍增间隔的时间周期都在缩短。在其增值轨迹的每下一个阶段，一个更大的数字加入进来，所以自然增长在加速。这就是指数函数，是非线性的。

市面上有成千上万的书都是关于沃伦·巴菲特是如何创造财富的。其中一些书很有趣，但博客大咖摩根·豪泽尔（Morgan Housel）睿智地指出，几乎所有人都忽视了巴菲特故事中最具借鉴性的一课：他在非常年轻时就开始滚动积累财富。[12] 豪泽尔指出了“一小捧不起眼的沙子”所蕴含的相关性，事实上，生活中几乎所有大事情都是从非常小的事情开始的。

很少有人上小学、高中、大学，或刚走出校门时就开始投资。但可以肯定的是，比早早起步更容易获得财富增值的办法几乎没有。相对于其他办法，它拥有一个显著优势，也不会造成为时已晚的遗憾。中国有一句古话是这样说的：种一棵树最好的时间首先是20年前，其次是现在。①

然而，在介绍这个概念时还是存在些许阻力，因为理解复利的原理是有难度的。物理学家阿尔伯特·巴特利特（Albert Bartlett）曾经说过："人类最大的缺点就是无法理解指数函数。"指数增长可能听起来很简单，但是很难直观感受到，因为它的早期增长是如此缓慢，以至于我们几乎察觉不到，我们会误认为没有取得进步。人类是线性思考者，很难想象"一小捧不起眼的沙子"②会堆成巍巍宝塔。[13] 只有事物发展到后期并开始加速时，我们才真正意识到它是如何工作的。

即使假设我们可以完美地了解复利，我们仍然有可能发现有不少途径会妨碍其收益。在财富之旅中，我们观察、参与进去、不断地学习、弥补和设置障碍。因此我们在以自己的方式反抑制我们所寻求的变化。我们有做某件事的冲动：也许这件事让事物变得更美好，也许仅仅因为我们不愿意坐以待毙。詹森·茨威格指出："在大约99%的时间里，投资者最应该做的一件事是绝对的无为。"[14] 这样做意味着放弃控制权，可我们是不会轻易放弃控制权的。

其中一个最伟大的投资技能就是耐心——那种刻意无为的坚韧不拔

① 作者提示这句话是中国谚语，但中文出处不详，倒是可以查到非洲女作家丹比萨·莫约（Dambisa Moyo）在自己的《死亡援助》（*Dead Aid*）一书的结尾写下了这句话。——译注

② 原文所要表达的意思是一小块基础可以扩建为巨型堡垒，可以用中文成语"聚沙成塔、集腋成裘"来概括。——译注

的毅力。在我们的财富生活中乃至其他生活的方方面面，那些掌握延迟满足技巧的人更有可能脱颖而出。

斯坦福大学幼儿教育学教授沃尔特·米歇尔（Walter Mischel）所做的一系列精彩研究表明，有些孩子倾向于自我控制，而有些孩子则缺乏耐心。米歇尔款待了这帮孩子——“棉花糖测试”——让他们现在吃一颗糖，或者现在不吃但过后可以享受两颗糖。一些孩子坚定地坐在那里，等待额外的奖励，其他孩子一得到允许就狼吞虎咽地吃了一颗棉花糖。随后米歇尔及其同事对这些孩子接下来几十年的发展进行了观察。他们注意到，那些天生具有自我控制意识的孩子在整个童年和成年时期表现得更好。当他们长大成人时，“具有较低的体重指数和更好的自我价值观，更有效地追求自己的目标，而且更适应挫折和压力”。[15]

耐心很重要，但对人类来说却始终是一个挑战。《圣经》中最早的人类故事便是讲述诱惑的，亚当和夏娃在这方面做得并不好。在我们这个信息爆炸、社会浮躁的时代，情况变得更糟：古老的苹果已经被现代的iPhone所取代。

即使苏斯博士所描绘的“大地方”已经出现在远方的地平线上时，我们也常常不清楚如何从这里到那里去。拥有良好的心态是至关重要的，但实现这一目标的难度着实不小。我们处于人格撕裂状态：我们觉得有必要强化控制力并向前推进；但与此同时，我们知道有一种智慧叫放手，让精心策划的计划走上自我运行的轨道。我们很愿意什么都不做，但奇怪的是，“什么都不做”也需要很强大的远见和意志力去做。什么也不做就是否认现在的诱惑力。

本书将在下一章中就如何处理什么都不做与做一件事之间的紧张关系做个总结。我认为大多数实用类书籍，尤其是金融书籍，目的都是把内容整理得井井有条。它们提供严格的、读者可以拿来使用的检查表或工作表。

让我们打破惯例，反其道而行之，拥抱混乱的现实，处理事情时顺势而为。走在那条路上，我们最终会认识到：在整个旅程中，小精灵都在不断啃噬我们的脚踝，想取得进步真的很难。它急匆匆地来了又去，或许你已经注意到它了。那个小精灵就是时间。

我们与时间——更确切地说，与时间性——的关系牵涉到哲学、心理学、经济学和神经科学中一些最令人费解和令人兴奋的对话。人类拥有独特的能力，在精神上穿越时间，反复穿越过去（记忆）、现在和将来（想象）。在某种程度上讲，我们是时间旅行者，必须驾驭当前自我和未来自我之间的关系。认识到这种紧张关系，然后在其各种表现——更多与够用（more vs enough）、未来进步与活在当下（progress vs presence），以及生成与存在（becoming vs being）——之间取得平衡是通往财富之路的最后一站。

简短的最后乐章

第十章　你在这里

“已然够用但依然觉得太少的人永远没有满足的时候。”

——埃皮克提图

“正念的奇迹首先是你在这里。”

——一行禅师

漂流还是游泳?

获奖影片《华尔街》(*Wall Street*) 讲述了一个以贪婪为主题的臭名昭著的故事，批驳了“贪婪是好事”的信条。金融家戈登·盖柯面对众人侃侃而谈，[①] 这种情绪既高调而又意味深长。高调是显而易见的。而更深层次的含义则来自盖柯足以自傲的资本，即生活中所有的美好事物——不仅是金钱，还有艺术、爱情和知识——都源自对更多、对我们已经拥有财富之外的财富贪得无厌的追求(泰尔德纸业的高管们似乎并不明白)。

这个著名信条在电影中一个不为人注意但同样重要的时刻得到诠释。

① 盖柯在泰尔德纸业股东会上的发言是这部影片的一个精彩片段。——译注

它出现在盖柯和他的门徒巴德·福克斯一场激烈的对话中。刚刚得知自己的天真幼稚让盖柯乘机为了赚钱而牺牲福克斯家人的利益时，福克斯对着之前的导师慷慨陈词：

> 福克斯：多少钱算够，戈登？什么时候是个头啊，嗯？你要多少游艇拖着你划水，有完没完啊？
>
> 盖柯：这不是够不够的问题，伙计。这个是零和游戏——就得有人赢，有人输。钱本身并没有丢失，也不是造出来的，它只是转移了——从一个人身上转到了另一个人身上。就像变魔术一样。

这两个场景不仅点出了影片中的紧张关系，也展现了普遍的财富生活：多多益善 VS 够用即好。

盖柯是一个极度贪婪的银幕形象。他是华尔街的大腕，他想象中的“零和游戏”是金钱仅与赢利和损失挂钩。盖柯喜欢享乐“跑步机”（在一个场景中，他恰好走在跑步机上，我称之为巧合），而且他对短暂的快乐或痛苦感到很舒服。当然在金钱的问题上，他并不是唯一一个看重钱的人。至少在某种程度上讲，我们都是同一类人。金钱总会帮助我们树立自我价值感和在世界上的位置。拥有更多——尤其是比别人多——是具有心理学意义的。如果你不这么想，反而让人觉得很傻、很天真。[1]

尽管如此，却很少有人像盖柯那样。我们大多数人都像巴德·福克斯：我们都有雄心壮志，但在追求更多和珍惜已经拥有方面备受煎熬，因为我们所拥有的不仅仅是物质财富，还有对家庭、社会和其他满足之源的爱。巴德·福克斯伤透了父亲的心，这是他一生中最悲伤的时刻，这比他从花花公子般的生活方式中得到的任何欢乐都更具冲击力。

通过我们的叙述可以看到，我们已经把财富定义为资金满足感，也就是过上有意义的生活的能力。总的来说，这是一个有关够用的故事。亚里士多德的幸福以及坎特里尔阶梯论的最高阶梯，都源自深深的满足感——联系、控制、能力和环境。这些都体现了深沉的内心追求，它们涉及对一个人已经拥有的与其有待获得的之间关系的理解。

够用听起来不错。埃皮克提图说："不以自己没有什么东西而悲伤，而因自己所拥有的东西而喜悦，这样的人是一个明智的人。"老子有一句名言："知足不辱，知止不殆，可以长久。"当然，奥普拉[1]的这句话你肯定也听过："对于你所拥有的，要心存感激，你最终会拥有更多。纠结于你所没有的，你将永远得不到满足。"事实上，当我们"往好处想"时——想一想我们所拥有的而不是所没有的——特别是在失望的背景下，每个人都能回忆起一段时光。它们都可以成为温暖的、令人满足的时刻。

然而，够用又很难把握，而且比更多更难实现。更多根植于一种进化的生存本能。人类不仅幸存下来，而且控制了所有其他物种，部分原因便在于我们渴望成功的天性。我们生存下来依靠的不仅是抵御危险，也包括抓住机会。够用不仅极为重要而且是沉思式幸福的源泉，但它可能让人不舒服，因为我们似乎关闭了自我的一个重要组成部分。我们到

① 美国电视脱口秀主持人。——译注

底属于哪一个自我。

那些已经处在职业生涯末期的人可以强烈感受到这种情绪。从工作到退休、从积累到消耗的转变并不仅仅是理财规划的下一阶段。它也是一次有关存在的再定位，在此期间，人们面临着目标的改变。类似竞争、获胜和控制的动机会让位于安顿和接受。尽管有退休聚会或买块金表聊以慰藉，但研究显示，这是一个充满伤感的人生阶段。[2]这表明，我们天生就被安排争取更多，而不是静静地坐享我们所拥有的。

大多数时候，在人生的每一个阶段，大多数人只想多获得那么一点点。我们几乎实现了这个小目标。我们可以翻看一下朱丽叶·斯格尔（Juliet Schor）在《过度消费的美国人》（*The Overspent American*）一书中提供的 20 世纪 70—90 年代的数据。它们可以很好地诠释这个问题："为了在这里获得相当舒适的生活，你认为一个四口之家现在需要多少年收入？"令人吃惊的是，在过去的 20 年里，人们想要拥有的始终稍稍多于已经挣得的。最近的调查也已证实，很少有人相信他们能够凭借他们已经拥有的金钱获得幸福。[3]

只想多获得那么一点点

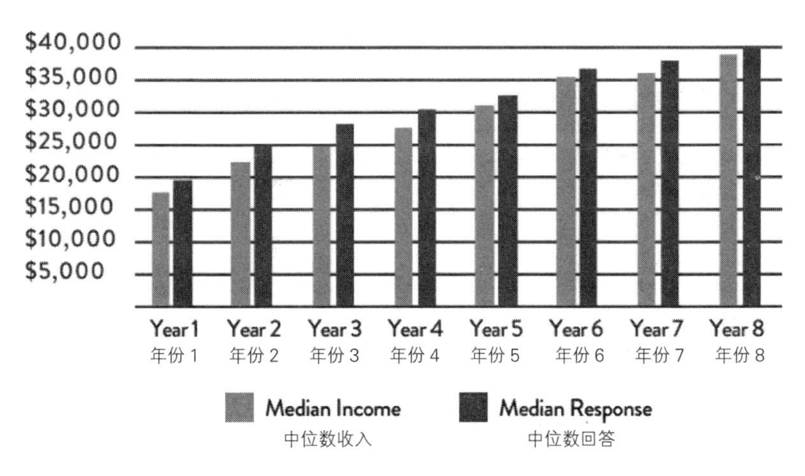

正如亨特·S. 汤普森（Hunter S. Thompson）曾经指出的那样，在生活的任何时刻，我们都必须决定我们想要“随波逐流，还是为了一个目标而游泳”。[4]我们竭力避免二者兼得的冲动，转而欣赏此时此刻，珍惜我们现在所拥有的，去实现下一个大目标，到达下一个“大地方”。

在更多与够用之间——在未来进步与活在当下和游泳与随波逐流之间——保持一种动态平衡是享受财富生活的核心。那么，我们该如何做到平衡呢？想做到并不容易，因为这正是时间小精灵变得更加令人讨厌的地方。的确，我们意识到，尽管更多还是够用的问题看上去如此重要，但它实际上只是在更大战场边缘的一次小冲突而已。

时间领航员

更多与够用之间的拉锯战涉及当前自我与未来自我之间关系的规律性变化。适应性自我一直以来都是我们的领导者，这一地位是通过现在和将来之间——也就是由我们今天相信自己是谁与我们将来可能成为谁之间——的对话形成的。是的，金钱令人困惑，因为它分析起来是复杂的，也是充满感情的。但从某种意义上说，它也是压倒一切的，因为它动作起来就像一台无意识的时间机器，带着我们在不同版本的自我之间穿梭。这种感觉极为不爽。

我们是精神世界的时间旅行者。无论是体验式幸福还是沉思式幸福，我们所感受到的幸福都源自我们前瞻或回顾时所处的位置。亚伯拉罕·赫舍尔（Abraham Heschel）说过这样一段美丽动人的话："真正的个体既不是结束也不是开始，而是前后两个年龄在记忆和期望这两个方面的联系。每时每刻都是不间断历史的新开端。孤立一个时刻，而不去感受它与过去和未来之间的联系是错误的。"[5] 我们是一个个变化中的个体。

这台时间机器在记忆和想象之间来回穿梭，将我们与其他物种区分开来。所有野生动物都有感知危险或机会的本能：猎豹感知到猎物的存在，躺在那里等待着向猎物冲刺的最佳时机；瞪羚也感知到这只猎豹的存在，在发现危险迹象的一瞬间突然跳开。人类的探察能力使我们能够跳出当前环境而深思熟虑。我们在精神世界做时间旅行的范围和复杂性远远超过其他任何动物。正如一群杰出的心理学家所指出的那样，我们不仅是智人（Homo sapiens，聪明人），而且更重要的是，我们也是未来人（Homo prospectus，未来的人类）。[6]

精神世界的时间旅行创造了一种独特而强大的计划能力。丹·福克（Dan Falk）直言不讳地指出："如果不对未来充满想象，我们的文明就不会存在。"[7]的确，我们驾驭时间的技能为社会合作提供了便利。在第四章中，我们详细讨论了联系对人类心理的重要性。我们因语言而发展起来的社会性拥有一个明显的人类元素，即制定未来规划的能力。我和朋友可以约定下周二上午 10 点在城里见面。这件事听起来微不足道，但其他动物都没有这种远程协调行动的能力。

时间主题令人产生幻觉。但在金钱的世界里，它几乎算不上一个"左外场"①式的话题——在精心计划的旅程终点的胡言乱语。事实上，我们在不知不觉中陷入了金融学和心理学之间含蓄的争吵中。这两大学科明确了我们日常与金钱的关系，并且针对时间的本质和影响采用了不同的，甚至是不相容的假设。

金融学假定时间的线性概念。一天就是一天。一个 5 年的时间段与另一个是完全相同的。时间片段是统一的，我们从现在到未来感受到的时间都是单向的。心理学对此并不认同：人类对于时间的体验是非线性的和波动的。无论是分分秒秒还是年代世纪的持续时间都是既膨胀又收缩的。时间是弹性的，它在令人不快的意外期间是减速的，而随着我们年龄的增长，它又是加速的。说到养育之道，有句老话是这样说的："日

① 棒球术语，此处意指突然的、离奇古怪的看法。——译注

子很长，岁月很短。”这就是心理时间在起作用，财富是资金满足感的标志，而心理时间在追求财富的过程中是最重要的。

传统财务规划的基本编制过程是与线性的时间概念相关联的。我们制定未来某些年的“目标”。我们今天便就期望出现但不确定的未来结果做出决策。这些目标通常是可以定量考核的。当我们实现这些目标时，我们假定是快乐的。但我们已经知道这样做是行不通的。

迄今为止，在涉及金融学中正规的时间概念时，最具影响力的比喻是“长期”。我们为“长期”建立投资组合。我们“买入并持有”或“坚持到底”。我们保持耐心——为了长期利益而牺牲当前利益。这就是问题所在：在心理时间维度上，长期充其量也是模糊的。说实话，它可能就不存在。我们实际所拥有的是一系列由环境和选择共同组成的无限短期。虽然未来的阴影可以笼罩几乎整个财富生活，但我们并不完全具备应对它的能力。我们是时间领航员，但我们并不始终是好领航员。

现在和将来

在精神世界的时间通道内来回穿梭的能力是我们的优势之一，但是这样做会对我们的满足状态产生复杂的影响。下面这个简单的矩阵显示，行动无论好坏均与精神世界的时间旅行相关。

现在和将来的好、坏行动

	现在	将来
好	活在当下	未来进步
坏	冲动	跑步机

我们如何巧妙应对这个矩阵有助于探索获得资金满足感的最深层核心。

现在

在短期内，冲动是我们的敌人。“棉花糖测试”证实了我们很可能已经知道的事实：我们竭力抗拒快速满足感。自我控制和耐心是难以捉摸的。在财富生活中，这就成为一个问题，因为在决策与结果、消费与享受之间存在时间上的差距。你现在吃着多汁的芝士汉堡，30 年后还会回味无穷。

因此，财富生活并无太多值得称道的地方。挣钱是份苦差事，储蓄是令人厌烦的，而“长期”投资是令人焦虑的。唯有一个例外：支出。与其他领域不同的是，这一领域的反馈是直接的。花现金、刷卡或电子芯片读取，支付过程都是即刻发生的。消费者研究表明，“零售疗法”是恰如其分的。购买行为会释放大脑中的多巴胺，提供暂时的高潮。[8] 购物的感觉很美妙。

我们思考时间和看到未来自我的能力是有局限性的。更为深远的是，我们低估了未来：相比明天，我们更看重今天。时间折扣是一种进化本能。我们没有继续消灭面前的小动物是希望保持体力，以攻击一群可能迟些到来或不会来的更肥美的动物。[9] 我们倾向于生活在现在，因为这似乎是更安全的事情。

这不仅仅使我们对将来的重视程度稍逊于现在。在那些研究跨期选择的人中，他们的其中一个最重要的经验主义发现是：我们以双曲线的形式给未来打折。[10] 我们偏爱现在的蝇头小利而非明天的丰厚回报。我们将来得到的感知价值急剧下降，这就是冲动会让人感到舒服的原因。

此外，双曲折扣对应的是现在的权重，是导致我们糟糕预测未来幸福之源的关键因素。用哈佛心理学家丹·吉尔伯特（Dan Gilbert）的话说，我们"偶然发现了幸福"，因为我们不知道去哪里寻找幸福。[11] 有时我们找到了幸福，但其他时候不灵。人类缺乏所谓的"情感预测"，即准确预测我们对未来事件的情绪反应的能力。这是因为我们的想象力并不特别给力，大脑通常只能预测到模糊的未来。

因此，我们对未来情感的持续时间和强度的认识往往是相当错误的。参加一个好朋友的生日派对或一位同事的葬礼，你很显然就知道哪一个会更有趣些。即便如此，很多可能改变生活的事件，包括结婚、生子或生病等，通常没有产生我们认为会产生的影响。[12] 几乎不管发生什么事，好也罢、坏也罢，我们都习惯了。获得我们所渴望（畏惧）的东西的快感（悲伤）迅速消失。

如果说现在的缺点是冲动，那么它的优点就是活在当下——此时此地。活在当下的主体在今天杂乱的信息和烦心事的干扰下过上了新生活。[13]所谓活在当下是指前后之间的某个地方，它是一处微妙的、难以捉摸的、有待耕耘的所在。即使对于一个普普通通的观察者来说，看到冥想术与正念在西方社会越来越流行也是不足为奇的事。对内心平静的需要已经超出了我们对选择和/或被迫吸收的信息量激增的关心。

在我们的财富生活中，活在当下和耐心是密切相关的。忍耐是一种静默，我们从中可以发现故意按兵不动的时刻，偶尔什么都不做只是自鸣得意的表现。只要有所准备，我们便可以从自鸣得意跨越到忍耐。真正的耐心也体现在明确认识到你此时此刻就在这里。如此的正念可能令人难堪。它的结果也可能是解脱。在本书中，我们一直在基于适应性简化原则武装一个有准备的头脑。

将来

延迟满足和抗拒诱惑是活在当下的标志，但它们也有黑暗的一面。面向未来会损害对财富的追求。心理学家索尼娅·柳博米尔斯基（Sonja Lyubomirsky）将“幸福神话”解读为虚假承诺——“当我 ______ 的时候，我会感觉很幸福”。你可以在空格处填入任何你想填的内容：发财、变美、结婚、成功，等等。“当我 ______ 的时候”这个问题贯穿我们的财富生活。在第五章中深入讨论的享乐跑步机是最能抓住这个问题的永无止境的动力。

有些人在追求他们的财富生活时着眼于“数字”——一些特定的储蓄数额——他们需要停止做他们不喜欢的事（大概是工作吧），开始做他们想做的事，并享受快乐。生活在这种渺茫的未来里是没有好处的。考虑到我们针对未来的财务规划方式与我们的大脑天生所能适应的方式之间自然存在但未被注意的紧张关系，即使不起眼地使用“目标”这个词，也会悄悄地引发一个“当我 ______ 的时候”的问题。

过度规划、令人困扰的目标和“正确”的决定，再如，想到在跑步机上疾跑会让你更接近你的目的地，这些都是日后不幸福的例证。这里就是更多痛苦和日后痛苦同时发生的地方。财富的悖论是我们确实天生渴望得到更多，但得到更多并未让我们更快乐。

不过，我们可以更加建设性地面对未来。自我实现、自我适应和进步的种子便埋藏于未来的焦点之中。人类有一种“天生的发展倾向”，这意味着他们拥有有意识的和深思熟虑的成长需要。[14] 乔纳森·海德描述了“进步原则”，其中就包含“快乐更多地来自于面向目标取得进步，而不是实现目标”，即“我们内心充斥着目标、希望和期待，并在接下来感受到与我们的进步有关的快乐和痛苦”。[15] 很多体验到的快乐都蕴藏在到达那里的过程中——它就在旅途中，不是在目的地。[16]

自我如何改变，以及在此过程中人们拥有什么样的控制力是有争议的。19 世纪的哲学家弗里德里希·尼采旗帜鲜明地表明了自己的观点，他直言不讳地宣称“存在（being）是一部虚构的小说”，并嘲讽“物性、物质、永恒的谎言”。[17] 如此大胆的笔触是哲学家的一种放纵，但事实上也是板上钉钉的：追求更好的自我和在无常中看到优势是一种合理的，甚至是无意识的本能。温斯顿·邱吉尔的思想比尼采平和一些，他指出：

“提高就是要改变，而要达到完美就要不断改变。”

参与到改变进程中需要对当前自我和未来自我之间的对话进行评价。在综合脑科学、心理学和消费者研究成果的基础上，哈尔·赫什菲尔德及其同事就此课题所做的工作特别具有启发性。例如，他们发现有些人更关心他们未来的自我，而另一些人则认为那个人是陌生人。折扣差异具有显著的行为后果。[18] 在一组研究中，赫什菲尔德给一个人拍了一张照片，然后借助数字成像技术让他或她“老了”几十年。[19] 那些能够看到自己老年形象的人与他们未来的自我建立起了更强烈的联系，从而表现出更好的储蓄行为。你对未来自我而不是对现在自我的奖励程度源自你对未来的他或她的关心程度。若干其他研究证实，对未来的更生动的感觉会导致更好的行为——不仅在储蓄方面，而且在犯罪、玩忽职守、吸烟和其他“次优”活动中也是如此。[20] 关心未来的你是一个远超我们想象的深思熟虑的行动。

我们还可以通过更具建设性地思考未来的回报来改善现在和将来的关系。大量研究表明，期待会增加幸福感。[21] 我们不仅生活在一个注意力分散的时代，也享受着前所未有的便利的世界。就像《威利·旺卡和巧克力工厂》中“全部都要，现在就要”的维露卡·索尔特一样，我们中的很多人都可以轻轻松松、舒舒服服地得到各种东西。问题是生活中有一个微妙的乐趣来自期待，但我们正在通过 Amazon Prime 付费服务将其消磨掉。延迟消费在情感上是有好处的，包括享受轻微的不确定性（惊奇的力量）和针对冲动的不健康消费行为——如购买食品、饮料或毒品——的更好的决策。展现预期管理优点的一个策略是现在付钱，但以后再消费。[22] 如果有人说起去年的“分期预付”计划，虽然听起来有些古怪，但这种现在付钱 / 以后消费的方式，相较于现代信用卡的现在消费 / 以后付款的方式，更能带来幸福感。

步调一致

试想一下：跳进游泳池。现在开始踩水，然后在池中开始仰泳，但在适当的位置切换成狗刨式。漂浮或游泳似乎是一种相互排斥的选择。同时保持静止和向前移动是一个棘手的问题。由此可见，追求活在当下与未来进步也是同样的情况。

几千年的哲学并没有解决存在（being）与生成（becoming）之间最深层的本体论的紧张关系。我认为，这一问题的解决方案，或者至少就我们可以获得的解决方案而言，是用我们自己的措辞将其表达出来，而且有可能沿着这一思路找到某种节奏——管理对话。我希望本书可以提供支持这种对话的若干词汇，以便让其不仅在你自己的头脑中进行，也可以在你与你的朋友、父母、合作伙伴和孩子之间展开。

哈佛大学心理学家丹尼尔·吉尔伯特（Daniel Gilbert）在一次精彩的TED 演讲中指出：“人类本是尚在创作中的作品，但他们错误地认为自己已经完成了进化。”[23] 太贴切了。例如，我们通过适应性自我的一次诚实的表演会发现这样一个事实：有时我们是相对于自己的陌生人，我们随后在发现和重新定义中找到乐趣。

一想到有那么多钱掉进了我们攀登的石缝里，就会觉得太不同寻常了——甚至太令人不安了。如果回忆一下本书的开篇，你应该还记得，我们每个人遭遇的最普遍问题是：我会发达吗？这是一个相当危险的问题，它甚至让那些最坚强的灵魂也变得脆弱，这也是这个问题似乎有无数表现形式（可能是文字，也可能是手势）的原因。但无论如何，它就在那里，这是无法逃避的。我猜你和我一样，在回答这个问题时都会把注意力都放在揣摩“发达”的意味上。从圆形到三角形，再到正方形的路径清楚展示了有关承诺人生意义的过程。希望你在沿途已经找到了一些有用的观点、工具和技巧。

但如果按照查理·芒格的建议，我们把问题颠倒一下，令其探究“我”而不是“发达”怎么样？这就是我们利用时间的全部力量——在此我们可以为了我们自己而不是它的目的而收编那个讨厌的小精灵[①]——来重构金钱如何融入幸福生活、富裕意味着什么以及如何变得富有的问题之所在。在此我们用皮带拴住小精灵后，便可以把你相信你现在要成为的人与你将来更愿意成为的人联系起来。一句话，我们已经摆脱传统金融领域了。

在某种程度上讲，本书的整个叙述过程就是一个斯多葛派引导财富生活的剧本——从感知到行动，再到意志。在这个旅程中，自我意识和自我控制一直是关键原则。为了把思维模式与行动结合起来，适应性简化被设计成我们每条小船的舵。适应性简化包容活在当下与未来进步之

①　前已述及，指时间。——译注

间的紧张关系和矛盾。事实上，它是从它们当中获得能量的。

我们的世界充满了神奇与悲伤、欢乐与痛苦。承认这一状况促成理解，有了理解，控制得以实现，而有了控制，平衡和节奏也现出身形。我们那狂奔突进的小精灵闪转腾挪，好不得意，但我们终归是它的主人。本书扉页上歌德语录说的并不是每一天的生活内容，而是其流动状态："不必匆忙；不要停顿。"

步调一致。享受财富生活。

财富几何学：扼要重述

本书内容极为丰富，总结一份有用的概述实属必要。它涵盖了大量背景知识，因此这一简短的章节试图基于不同程度的特殊性做到这一点。

精彩推文

真正的财富就是资金满足感。任何拥有正确心态和正确计划的人都能过上有意义的生活。

写作感言

金钱能买到幸福吗？这个永恒问题的答案取决于追求富裕和追求财富之间的区别。一个是追求更多的金钱，另一个是寻求资金满足感。无论现代神经科学还是古代哲学都表明，这种对更多的追求就相当于一台令人无法得到满足的跑步机。与此同时，对于任何一个将正确的心态与正确的计划结合起来的人来说，承诺过上有意义生活的能力是可以实现的。《财富几何学》展示了这样做的三个步骤：以适应、确定优先事项和简化为中心，灵活定义自己的目标、采用正确的策略并专注正确的决策。我们通过圆形、三角形和正方形这三个基本形状简化了这三个步骤的细节。

图形小结

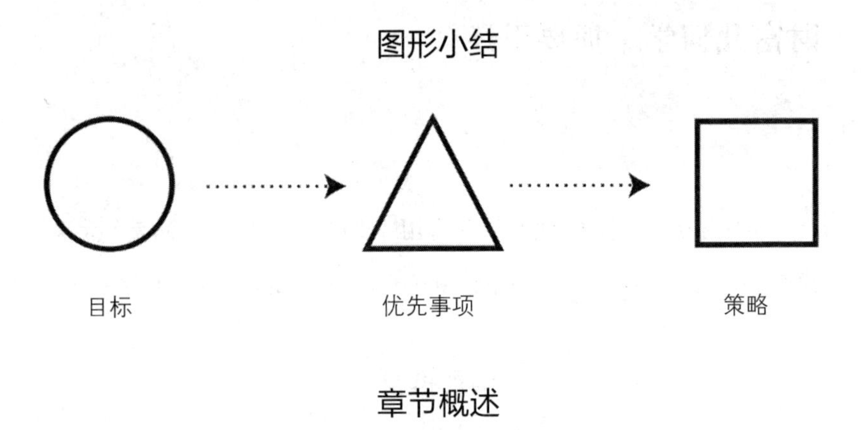

章节概述

前言：三种几何形状的故事

金钱是如何融入幸福生活的？令人奇怪但千真万确的是，它的答案完全可以用三个基本形状概括出来：圆形、三角形和正方形。我们的财富之旅包含明确自己的目标、设定正确的优先事项和做出正确的决策三段旅程，每一个图形都代表了其中一个步骤。最终，对于许多人（其中包括那些绝望地认为财富遥不可及的人）来说，财富都是可以获得的，但实现这一论断的前提是，在我们的生活环境中，目标和实践环节都要经过深思熟虑的校准。在孤立的状态下，无论是深思还是冗长的检查清单都无法胜任这项任务。

塑形：我们将在这一部分搭建起了解如何实现财富保值增值的框架。

第一章：财务困境

财富生活——挣钱、花钱、储蓄和投资——充满复杂性。它既有智力上的考验，也有情感上的不愉快。目前，人们面临着三大挑战。第一，传统养老金制度的消亡和 DIY 模式投资的兴起给个人带来了越来越大的负担，因为人们需要控制财富生活的诸多维度，遑论普遍存在的理财文盲现象。第二，人类大脑中一系列天生的认知与情感偏见阻碍了良好的财务决策。第三，长期资本市场黯淡的回报前景与就业市场迅速改变的特征均表明，与前几代人相比，我们的容错空间更小了。

第二章：适应性简化

人类是非凡的问题解决者，这在很大程度上要归功于由直觉和推理两部分组成的大脑。本章通过强调这些能力，为战胜第一章所讨论的挑战提供正确的思维模式。它阐明了“适应性简化”原则，该原则充当了推动我们沿着从圆形到三角形再到正方形的路径前进的引擎。为了获得财富，接受适应性简化是至关重要的，因为它将正确的态度和正确的成功计划结合在一起。好消息是，即使我们与生俱来的性格和生活环境决定了成功的机会，但如果我们准备得当，我们仍能对结果保持相当大的控制力。

圆形：我们在这一部分剖析明确自己目标的适应性方法如何成为连接金钱与幸福的关键步骤。

第三章：你应该去的地方

古代和现代思想家对幸福有着相同的二元理解。一方面，体验式幸福考虑的是每日，甚至是每时每刻的影响或情绪。考虑到大脑的连接方式，这是人类幸福的主要表现形式。另一方面，沉思式幸福，或古希腊人所谓的“eudaimonia”（幸福），使人们更广泛地感觉到自己是过着“好的”生活还是“有意义的”生活。如果不加以区分，我们是不可能了解如何塑造财富生活和有意义生活的。

第四章：关键所在

有意义的人生——资金满足的状态——拥有四项检验标准，我将它们称为“4C”。第一项是联系，人是社会动物，需要毫不动摇的归属感；第二项是控制，是自我决定和自我界定的深层动力；第三项是能力，是指与从事有意义的职业或与手艺有关的乐趣；最后一项，环境是寻找超越自我的生活目标的需要。并没有一个通用的公式供我们搞清楚每个人应该或可以为我们的人生附加什么含义。然而，我们应对不可避免的人生起伏的过程是共同拥有的。圆形诠释的便是这种适应性动态。

第五章：可以，不见得可以，看情况而定

金钱可以买来幸福吗？可以和不可以。我们的日常情绪与超过某个收入水平门槛的金钱没有多大关系，但是我们对幸福的追求似乎受益于更多的金钱。问题的答案涉及三个潜在的大脑动力。首先，我们很快就习惯了大部分舒适生活状态。在某种程度上讲，我们每个人都迷恋于心

理学家所谓的“享乐跑步机”。第二，金钱在抚慰悲伤方面比启动幸福更有效，这可以解释为什么富人可能不那么悲伤，但也不比其他人更快乐。最后，当配置得当时，金钱可以保证4C的效果。如果我们准备这样做，有可能“购买到”人生的意义。

三角形：我们在这一部分设定优先事项以规划我们的财富生活。

第六章：设定优先事项

从使命到方法，从目标到实践，三角形确立了引导我们的财富生活的主要优先事项。拥有一个清晰的目标层次可以让我们快速区分更重要的任务，并避免分散注意力。首要的一点是保护自己免受潜在损失，甚至大灾难。我们希望保持一个“较少错误”的心态。其次，我们确认我们所拥有的和我们所亏欠的。通过确保上述因素处于平衡状态，我们的财富生活便有可能稳定下来。一旦实现这一目标，最后的优先事项是投入到更多有进取心的追求中，并认识到感恩和慷慨正是满足的源泉。

第七章：做出决策

三角形也阐明了涉及获得良好投资结果的三个因素。第一个因素是我们自己的行为，也是到目前为止三个因素中最重要的一个。人脑常常做出糟糕的财务决策，其影响可能非常大。典型的例子是当市场表现糟糕，投资者都在恐慌性抛盘时，实现止损，然后错失反弹良机。第二个因素是一个人的整体投资组合状况，是通过配置适当的细分市场投资充分表现出来的。吸引投资者眼球、令其心跳加快的特定股票、债券和基金是推动成功理财的第三个（不那么重要的）动力。

正方形：我们要在这一部分简化获得体面投资结果的方法。

第八章：头脑

为了超越某些固有的偏见，建立正确的决策心态，本章探讨了我们如何感知世界和在这个世界航行的两个基本问题：分类和概率。投资行业是一个语言雷区，充满了标签和模糊不清的术语。“这是什么？”听起来像是一个基本问题，其实不然，尤其是当面对复杂的事物和想法时更是如此。与此同时，人脑更偏爱确定性，这使得我们用概率性术语思考时困难重重。不管怎样，引入概率的概念给妥善管理期望值提供了很大的支持。在问“可能性有多大”时是有技巧的。虽然听起来有些神秘，但坦率地讨论标签和可能性是追求适应性简化的关键。

第九章：四个角

正方形为你的投资决策的结果设定了合理的期望值。因为人类大脑天生就是力求避免损失而不是获得收益的，所以本章的主题是减少遗憾，而不是利益最大化。这主要出于四方面的考虑。首先是我们希望实现的增值。其次是实现这种增值的情感痛苦。第三是任何新增投资如何适配（或不适配）已有的投资。最后一点，灵活性反映了改变一个人对任何特定决策的看法的能力。正方形的四个角应当推动有关任何投资决策的对话。

无定形：在这一部分中，我们探索作为永恒财富深层根源的时间。

第十章：你在这里

人类通过记忆和想象力领悟时间的能力是我们这个物种重要的优势之一。虽然这种能力创造了巨大的机会，但它也有一些不太令人满意的副作用。其中之一就是很难做到活在当下（处在现在，不是将来也不是以前），而后者是一个显而易见的快乐之源。在我们的财富生活中，这种挑战表明其自身处在两种截然不同的心态之间的持久紧张关系中：渴望更多而不是够用即可。二者都是人类生存合理的和有用的动机。但在任何时候，它们都是不相容的。在更多和够用之间——也就是在未来进步和活在当下之间——取得持续平衡是享受财富生活的深层核心所在。

致谢

写书的体验是一件很有趣的事。经过多年草稿的积淀，终于迎来了最终的产品。当你专注做一个项目时，会经历数不清的独处时间，你确信一半的时间是没有意义的，另一半是没有人会关心的。但是，当你在完稿的那一刻回味个中感受时，你的内心会迅速转向你周围所有支持和关心你的人。的确，在完成一本有关美好生活秘诀的书之后，尽管看上去更像一个人独自在战斗，但我现在越发欣赏他人的重要性，并享受通过表达感激之情获得的喜悦。

有两个朋友为本书付出了巨大的心血。吉姆·杰赛普和艾玛·西蒙是很好的合作伙伴，一路走来，他们为每份草稿都提供了很多建议、鼓励并做了很多眉批，我非常感激他们的帮助。同样也非常感谢其他几个对这部手稿不吝提出批评指正的人：玛勒·康芒斯、科里·霍夫斯泰因、菲尔·胡贝尔、杰克·麦凯布和克里斯·谢林。

还有很多人并未因我写作时东拉西扯而抛弃我，而是继续提供反馈意见，有些可能只是同侪好友。在此一并致谢：安德鲁·比尔、克里斯汀·本茨、罗伯、玛丽安·布隆伯格、道格·邦德、道格·波塔罗、艾略特·布、艾伦·卡特、莉兹·克里斯蒂安、丹尼尔·克罗斯比、菲尔·邓恩、乔伊·菲什曼、汤姆·佛朗哥、J.C·加贝尔、汤姆·高德斯坦、马克·古尔德、乔·格林、劳伦斯·汉姆蒂、本·哈普、道格·欣特连、乔什·坎特罗、约翰·肯尼、杰夫·克尼普、乔吉·勒韦、迈克·马斯特罗马里诺、罗丝·米什金、凯伦·穆恩、乔·诺顿、恰克·佩鲁什、贝宁·易卜拉欣·普伦迪维尔、加布里埃尔·普雷斯勒、乔什·罗杰斯、比尔·鲁凯泽、韦恩·萨夫罗、杰瑞尔·萨蒙德、鲍勃·西赖特、泰德·赛德斯、南丹·沙阿、安德鲁·史密斯、迈克·史密斯、利亚·斯皮罗和詹森·赖特。

如果没有巴里·曼迪纳契的指导，这本书和我职业生涯的这个阶段就不会存在。从几年前我们第一次坐在一起喝咖啡，到我们在维德思投资合伙公司（Virtus Investment Partners）共事，巴里既表现出了对他人的仁慈，又表现出了为恰当的人做恰当的事的韧劲。感谢乔治·艾尔沃德和维德思的领导层提供了一个机会，让我得以与财务顾问和他们的客户交流行为金融学并把心得记录下来；同时他们还创造了一个环境，让我可以在这本书里完整地阐明我的观点。

哈里曼公司的出版团队为我提供了梦寐以求的帮助和鼓励。在本书的出版过程中，克雷格·皮尔斯、凯特·博斯维尔和萨莉·蒂克纳始终是我重要的合作伙伴。除了来自哈里曼公司的朋友之外，福齐亚·伯克多年来一直是我写作的忠实支持者，我感谢她。香农·贝尔蒙特为本书设计了全部插图。她是一个伟大的合作伙伴，对我各种修改意见简直百求不厌。

我猜（希望？）这是我写的最后一本关于金钱的书，所以在此我也想感谢那些在我职业生涯中激励过我的人，其中有些人我从来没有见过，也可能永远没有机会见面。他们是（按英文字母排序）：彼得·伯恩斯坦、杰克·博格尔、查理·埃利斯、丹尼尔·卡尼曼、霍华德·马克斯、乔·曼斯威托、查理·芒格、唐·菲利普斯、卡尔·理查兹和詹森·茨威格。他们是我在财富管理事业上的指路明灯。有关适应性简化的想法主要源自过去二十年里阅读或观察的心得体会。网上有一个财经推特，我和这群博客和播客建立了友好关系，每天都能在与他们的交流中学到点东西，有一次发现人家发的"BS"不是 beers 的意思，不过现在我会特意为它发一个"h/t"符号。[①]FinTwit 真是一个很酷的体验。

就私人关系而言，我要感谢我的岳父岳母唐和朱迪·布莱奇夫妇，还有妻妹艾米·布莱奇·霍伊格尔，他们的爱和欢笑（有时让我发窘）陪伴我很多年。从我们很小的时候起，我的妹妹谢丽尔便一直在激励我，有时她自己都没感觉到。感谢我的父母，他们以各自不同的方式鼓励我和支持我。

我最深切的感谢送给我的妻子和三个孩子。在我的眼里，特蕾西是一个善良而优雅的人。她激励我不断提高自己。我和她还有我们的三个好孩子本、扎克和莎拉一起组成了一个美好的家庭，我要为他们送上永远的感谢。他们四个人让我领悟到财富的真正含义。

---

① 作者在使用推特时发现，在网络语境中，BS 代表了 bull shit（鄙视），而不是 beers（啤酒），此处是作者在调侃。另外"h/t"即 hat tip（感谢）。——译注

注释

第一章　财务困境

1. Katie Hafner, “Researchers Confront an Epidemic of Loneliness,” *New York Times*, 5 September 2016.

2. 根据 Ernst & Young 提供的数据（bit.ly/2FtkTOt），73% 的养老金计划要么被关闭要么被冻结。Towers Watson 的一份分析报告发现，截至 2013 年年底，只有 118 家《财富》世界 500 强企业（24%）向新员工提供各种类型的养老金固定收益计划，这一数字低于 15 年前的 299 家（60%）。欲简要而明确地了解退休危机的综合应对情况，参见 Charles D. Ellis, Alicia Haydock Munnell, and Andrew Eschtruth, *Falling Short: The Coming Retirement Crisis and What to Do about It* (Oxford University Press, 2014)。

3. Employee Benefit Research Institute (EBRI), 2017 Retirement Confidence Survey, bit.ly/2nK0cYv.

4. EBRI 2017.

5. Chris Taylor, “The Last Taboo: Why nobody talks about money,”

Reuters.com, 27 March 2014.

6. Daniel Crosby, “Why Do We Hate to Talk About Money?” 13 May 2016, bit.ly/2F2rQs1.

7. Magali Rheault, “Lack of Money tops list of Americans’ financial worries,” Gallup, 22 July 2011.

8. Joan D. Atwood, “Couples and Money: The Last Taboo,” *The American Journal of Family Therapy* 40(1), 2012.

9. Ron Lieber, *The Opposite of Spoiled* (Harper Collins, 2015).

10. 三个小问题的答案是：A、C 和错误。设计该测验的两位专家是 Olivia Mitchel 和 Anna Maria Lusardi，他们的目的是“清楚表明是否各类人群‘拥有作为有效的经济决策者所必需的金融基础知识’”。他们发现，在富裕国家内，甚至在高学历人群中，普遍存在理财文盲现象。参见 bit.ly/2BOreUI。

11. Carl Richards, *The Behavior Gap: Simple Ways to Stop Doing Dumb Things with Money* (Portfolio, 2012).

12. Investment Company Institute, *Fact Book* 2016.

13. Martin Ford, *Rise of the Robots: Technology and the Threat of a Jobless Future* (Basic Books, 2015); Michael Chui, James Manyika, and Mehdi Miremadi, “Where Machines Can Replace Humans – And Where They Can’t (Yet),” *McKinsey Quarterly*, July 2016; David Ignatius, “The Brave New World of Robots and Lost Jobs,” *Washington Post*, 11 April 2016; Alec

Ross, *The Industries of the Future* (Simon & Schuster, 2016); Jaron Lanier, *Who Owns the Future?* (Simon & Schuster, 2013).

14. McKinsey Global Institute, “The Digital Future of Work,” July2017.

15. Ford, *Rise of the Robots*.

16. Joseph Schumpeter, *Capitalism, Socialism and Democracy* (Harper Perennial, 1942); Lawrence Hamtil, “You Can’t Have Creation Without the Destruction,” 31 March 2016, bit.ly/2EQh2xV.

17. Neal Gabler, “The Secret Shame of Middle-Class Americans,” *The Atlantic*, May 2016.

18. Maggie McGrath, “63% of Americans Don’t Have Enough to Cover a $500 Emergency,” Forbes.com, 6 January 2016.

19. McKinsey Global Institute, “Diminishing Returns: Why Investors May Need to Lower Their Expectations” (McKinsey & Company, 2016).

20. 从1980年到2015年，巴克莱整体债券指数每年的收益率为7.8%。若关心长期资本市场表现，参见Elroy Dimson, Paul Marsh, and Mike Staunton, *Triumph of the Optimists: 101 Years of Global Investment Returns* (Princeton University Press, 2002)。或参见 “The Low-Return World,” Elroy Dimson, Paul Marsh, and Mike Staunton, *Credit Suisse Global Investment Returns Yearbook 2013*。

21. 例如，参见诺贝尔奖得主 Robert Shiller（www.multpl.com/shiller-pe）整理的长期数据。2018 年年初，全球最大的先锋投资公司首席执行官 Tim Buckley 指出，未来 10 年，均衡型“60/40”股票和债券投资组合的年收益率将在 4.0%—4.5%。参见 bit. ly/2DJAuM4。

22. 例如，参见 David Rolley, “Institutional Investor Return Expectations Could Be Overinflated,” Natixis Investment Managers, bit.ly/2FXGJtI; and Lisa Abramowicz, “5% Is the New 8% for Pension Funds,” *Bloomberg Businessweek*, 2 August 2017。

23. Portnoy, *The Investor's Paradox: The Power of Simplicity in a World of Overwhelming Choice* (St. Martin's Press, 2014).

第二章 适应性简化

1. Timothy Wilson, *Strangers to Ourselves: Discovering the Adaptive Unconscious* (Belknap Press, 2004).

2. Daniel Kahneman, *Thinking, Fast and Slow* (Farrar, Straus and Giroux, 2011).

3. Kahneman, *Thinking, Fast and Slow*, p. 106.

4. 若要深入了解系统 1 和系统 2 之间的关系，参见 Lisa Feldman Barrett, *How Emotions Are Made: The Secret Life of the Brain* (Houghton Mifflin Harcourt, 2017)。

5. Roy F. Baumeister and John Tierney, *Willpower: Rediscovering the Greatest Human Strength* (Penguin, 2011).

6. Dan Ariely, *Predictably Irrational: The Hidden Forces That Shape Our*

Decisions (Harper Collins, 2009).

7. Kahneman, *Thinking, Fast and Slow*, p. 25. 系统 1 和系统 2 之间的分歧是时间折扣的源头。我们的大脑参与的几乎每件事都在此时此刻。某件事情在时间上拖得越长，就越难以考虑——指数方式。

8. 在 *Thinking In Bets: Making Smarter Decisions When You Don't Have All the Facts* (Portfolio, 2018) 一书中，Annie Duke sharply 清晰阐明了决策和结果之间的区别。

9. Sonja Lyobomirsky, K.M. Sheldon, K.M., and D. Schkade, "Pursuing Happiness: The Architecture of Sustainable Change," *Review of General Psychology* 9, 2005, pp. 111-131; and K. Sheldon and Sonja Lyubomirsky, "Change Your Actions, Not Your Circumstance: An Experimental Test of the Sustainable Happiness Model," in A. K. Dutt and B. Radcliff (eds.), *Happiness, Economics, and Politics: Toward a Multi-Disciplinary Approach* (Edward Elgar, 2009), pp. 324–42. The work of Lyubomirsky has been very influential for this project. See *The How of Happiness: A Scientific Approach to Getting the Life You Want* (Penguin, 2008); and *The Myths of Happiness: What Should Make You Happy but Doesn't, What Shouldn't Make You Happy but Does* (Penguin, 2013). The three factors she suggests are discussed throughout the field of social psychology. See, for example, Jonathan Haidt, *The Happiness Hypothesis: Finding Modern Truth in Ancient Wisdom* (Basic, 2006), in particular the "happiness formula" on p. 90.

10. Lyubomirsky, *How*.

11. Lyubomirsky, *How*. Cf. David Epstein, *The Sports Gene: Inside the Science of Extraordinary Athletic Performance* (Penguin, 2013).

12. Lyubomirsky, *How*, p. 55.

13. Jonathan Haidt, *The Righteous Mind: Why Good People Are Divided by Politics and Religion* (Vintage, 2012).

14. Sonja Lyubomirsky, "Hedonic Adaptation to Positive and Negative Experiences," in Susan Folkman (ed.), *The Oxford Handbook of Stress, Health, and Coping* (Oxford University Press, 2011), pp. 200- 224; Timothy D. Wilson and Daniel T. Gilbert, "Explaining Away: A Model of Affective Adaptation" (2008), *Perspectives on Psychological Science* 3: 370–86; Jane Ebert, Daniel T. Gilbert, and Timothy D. Wilson, "Forecasting and Backcasting: Predicting the Impact of Events on the Future" (2009), *Journal of Consumer Research* 36; Sarit A. Golub, Daniel T. Gilbert, and Timothy D. Wilson, "Anticipating One's Troubles: The Costs and Benefits of Negative Expectations" (2009), *Emotion* 9(2): 277–81; Lyubomirsky, *How*, p. 41ff.

15. Lyubomirsky, *How*.

16. Edward Deci and Richard, "Self-Determination," *International Encyclopedia of the Social & Behavioral Sciences* 2015 (21), 2nd edition, pp. 486–91. They argue that humans have an "innate developmental tendency," meaning a conscious and deliberate urge to grow (p. 486).

17. Karl Marx and Daniel De Leon, *The Eighteenth Brumaire of Louis Bonaparte* (International Pub. Co., 1898).

18. Kathryn Schultz, "Pond Scum," *The New Yorker*, 19 October 2015.

19. Lyubomirsky, *How*, p. 67.

20. Lyubomirsky, How; and Lyubomirsky, *Myths*. See also Rosamund Stone Zander, P*athways to Possibility: Transforming Our Relationship with Ourselves, Each Other, and the World* (Penguin, 2016); Brene Brown, *Braving the Wilderness: The Quest for True Belonging and the Courage to Stand Alone* (Random House, 2017); and Ed Diener and Robert Biswas-Diener, *Happiness: Unlocking the Mysteries of Psychological Wealth* (Blackwell, 2008).

21. Timothy Wilson, Redirect: Changing the Stories We Live By (Little, Brown and Company, 2011), p. 66.

22. Wilson, *Redirect*.

23. Anthony Bastardi and Eldar Shafir, "On the Pursuit and Misuse of Useless Information," *Journal of Personality and Social Psychology* 1998, 75(1): 19-32; Gerd Gigerenzer, *Gut Feelings: The Intelligence of the Unconscious* (Penguin, 2007); Ron Friedman, "Why Too Much Data Disables Your Decision Making," *Psychology Today*, 4 December 2012; Bob Nease, "How Too Much Data Can Hurt Our Productivity and Decision-Making," *Fast Company*, 16 June 2016.

24. Loran Nordgren and Ap Dijksterhuis, "The Devil Is in the Delibera-

tion: Thinking Too Much Reduces Preference Consistency," *Journal of Consumer Research*, Vol. 36, No. 1 (June 2009), pp. 39–46.

25. Sonja Lyubomirsky and Lee Ross, "Changes in Attractiveness of Elected, Rejected, and Precluded Alternatives: A Comparison of Happy and Unhappy Individuals," *Journal of Personality and Social Psychology* 1999, 76(6), 988–1007; and Elizabeth Dunn, Daniel Gilbert, and Timothy Wilson, "If Money Doesn't Make You Happy, Then You Probably Aren't Spending It Right" (2011), *Journal of Consumer Psychology* 21: 115–25.

26. Lyubomirsky et al., "Pursuing Happiness" .

第三章　你应该去的地方

1. Noted in usat.ly/2sQdAOl

2. Richard M. Ryan and Edward L. Deci, "On Happiness and Human Potentials: A Review of Research on Hedonic and Eudaimonic WellBeing" (2001), *Annual Review of Psychology*, 52: 141-66; Luke Wayne Henderson and Tess Knight, "Integrating the hedonic and eudaimonic perspectives to more comprehensively understand wellbeing and pathways to wellbeing" (2012), *International Journal of Wellbeing* 2(3), 196-221.

3. Aristotle, *The Nicomachean Ethics*, 1098a13.

4. Tali Sharot, *The Optimism Bias: A Tour of the Irrationally Positive Brain* (Pantheon: 2011), p. 76.

5. Cited in Ed Diener et al., "Subjective Well-Being: Three Decades of Progress," *Psychological Bulletin* 1999, 125(2): 276-302.

6. 除了已被引用的探讨幸福的书籍之外，还可参考：Tal BenShahar, *Choose the Life You Want: 101 Ways to Create Your Own Road to Happiness* (Experiment, 2012); Tal Ben-Shahar, *Happier: Learn the Secrets to Daily Joy and Lasting Fulfillment* (McGraw-Hill, 2007); Robert A. Emmons, T*hanks!: How the New Science of Gratitude Can Make You Happier* (Houghton Mifflin, 2007); Daniel T. Gilbert, *Stumbling on Happiness* (Knopf, 2006), Rick Hanson, *Hardwiring Happiness: The New Brain Science of Contentment, Calm, and Confidence* (Harmony, 2013); Stefan Klein, *The Science of Happiness: How Our Brains Make Us Happy— and What We Can Do to Get Happier* (Marlowe, 2006); Richard Layard, *Happiness* (Penguin, 2005); Raj Rahunathan, *If You're So Smart, Why Aren't You Happy* (Portfolio, 2016); Martin E.P. Seligman, *Flourish: A Visionary New Understanding of Happiness and Well-being* (Free Press, 2011); Emma Seppala, *The Happiness Track: How to Apply the Science of Happiness to Accelerate Your Success* (Harper Collins, 2016).

第四章　关键所在

1. Dalai Lama and Desmond Tutu, *The Book of Joy: Lasting Happiness in a Changing World* (Penguin, 2016), pp. 29–30.

2. Sebastian Unger, *Tribe: On Homecoming and Belonging* (Twelve, 2016).

3. Matthew D. Lieberman, *Social: Why Our Brains Are Wired to Connect* (Crown, 2013), p. 9.

4. Hugo Mercier and Dan Sperber, *The Enigma of Reason* (Harvard University Press, 2017).

5. 可参考一项调查：Ichiro Kawachi and Lisa F. Berkman, “Social Ties and Mental Health” (2001) *Journal of Urban Health* 78(3): 458–67.

6. Wilson, *Redirect*, p. 49.

7. Ruth Whipman, “Happiness is other people,” *New York Times*, 27 October 2017.

8. Ed Diener and Martin E. P. Seligman, “Very Happy People” (2002) *Psychological Science* 13(1): 81–4.

9. John Cacioppo, *Loneliness: Human Nature and the Need for Social Connection* (W.W. Norton and Company, 2008). See also Gillian Matthews et al., “Dorsal Raphe Dopamine Neurons Represent the Experience of Social Isolation” (2016), Cell 164: 617–31.

10. Katie Hafner, “Researchers Confront an Epidemic of Loneliness,” *New York Times*, 5 September 2016.

11. Kawachi and Berkman, “Social Ties and Mental Health” ; Dhruv Khullar, “How Social Isolation Is Killing Us,” *New York Times*, 22 December

2016; Jacqueline Olds and Richard S. Schwartz, *The Lonely American: Drifting Apart in the Twenty-First Century* (Beacon Press, 2009).

12. Robert D. Putnam, *Bowling Alone: The Collapse and Revival of American Community* (Simon & Schuster, 2000).

13. Joshua Greene, *Moral Tribes: Emotion, Reason, and the Gap Between Us and Them* (Penguin, 2014). 另外，乔纳森·海德特在《正义之心》（*The Righteous Mind*）一书中这样写道：我们是有“团体归属感”的：“团体之间的竞争是现代社会比较无情的特征之一，而且毫无疑问，甚至在神经病学水平上，它都是个人身份的一个主要源泉。”

14. Yuval Harari, *Sapiens: A Brief History of Humankind* (HarperCollins, 2015), p. 171.

15. Isaiah Berlin, “Two Concepts of Liberty,” *Four Essays On Liberty* (Oxford University Press, 1969).

16. Maarten Vansteenkiste, Willy Lens, and Edward L. Deci (2006), “Intrinsic Versus Extrinsic Goal Contents in Self-Determination Theory,” *Educational psychologist*, 41(1): 19–31.

17. Ronald Inglehart et al. (2008), “Development, Freedom, and Rising Happiness A Global Perspective (1981–2007),” *Perspectives on Psychological Science* 3(4): 264-285; Esteban Ortiz-Ospina and Max Roser (2017), “Happiness and Life Satisfaction,” ourworldindata.org/happiness-and-life-satisfaction.

18. Erich Fromm, *Escape from Freedom* (Penguin, 1941).

19. Victor Frankl, *Man's Search for Meaning* (Beacon, 2006 (1946)); Alexander Solzhenitsyn, *The Gulag Archipelago* (The Harvill Press, 2003 (1973)); James Stockdale, "Courage Under Fire: Testing Epictetus' Doctrines in a Laboratory of Human Behavior," Speech delivered at King's College, London, 15 November 1993, hvr.co/1PURTQb.

20. 所参考的原话是："那些拥有如此人生经历的人——他们感觉在掌控自己的生活，拥有自己选择的目标并朝那些目标前进——比那些什么都不做的人更幸福。" (*Redirect*, p. 69.)

21. Baumeister and Tierney, *Willpower; Kahneman, Thinking, Fast and Slow*, p. 41.

22. Mark D. Seery, E. Holman, Alison Silver, and Roxane Cohen, "Whatever Does Not Kill Us: Cumulative Lifetime Adversity, Vulnerability, and Resilience," *Journal of Personality and Social Psychology* 99(6), December 2010, pp. 1025-41; Mark D. Seery, "Resilience: A Silver Lining to Experiencing Adverse Life Events," *Current Directions in Psychological Science* 20, December 2011, pp. 390–4.

23. Farah Stockman, "Being a Steelworker Liberated Her. Then Her Job Moved to Mexico," *New York Times*, 14 October 2017.

24. Studs Terkel, *Working: People Talk About What They Do All Day and How They Feel About What They Do* (New Press, 1997).

25. Cited in Pink, *Drive: The Surprising Truth About What Motivates Us* (Riverhead Books, 2011), p. 109.

26. 欲概要了解这些研究及其深刻见解，参见 *Drive*。

27. Deci and Ryan, "*Self Determination*," 2015.

28. Carol Dweck, *Self-Theories: Their Role in Motivation, Personality, and Development* (Psychology Press, 2000), p. 41.

29. 引自 Aaron Crouch, "Martin Luther King's Last Speech," *Christian Science Monitor*, 4 April 2011, bit.ly/2EZMrxd.

30. Seligman, *Flourishing*, p. 12. 也请参考 Mihaly Csikszentmihalyi 的观点，"一个人如果没有感到属于比自己更伟大、更永久的事物，就不可能过上真正美好的生活。"引自 Pink, *Drive*, p. 142.

31. Abraham Joshua Heschel, *God in Search of Man* (Farrar, Straus and Giroux, 1976), p. 162

32. Jonathan Haidt, "The New Synthesis in Moral Psychology" (2007), *Science* 316, p. 1001.

33. Richard Dawkins, *The Selfish Gene: 40th Anniversary Edition* (Oxford University Press, 2016); David Sloan Wilson, *Does Altruism Exist? Culture, Genes, and the Welfare of Others* (Yale University Press, 2015); Seligman, *Flourish*, p. 22–3.

34. Brown, *Braving the Wilderness*.

第五章　可以，不见得可以，看情况而定

1. 数据源自 Max Roser and Esteban Ortiz-Ospina, "Global Extreme Poverty," bit.ly/2FvAe3E; and Angus Deaton, "Income, Health, and Well Being around the World: Evidence from the Gallup World Poll" (2008), *Journal of Economic Perspectives* 22(2): 53–72.

2. 有关预期寿命的数据及来源，参见：en.wikipedia.org/ wiki/ Life_expectancy。

3. 这一点一直饱受争议。参见：Deaton, *The Great Escape: Health, Wealth, and the Origins of Inequality* (Princeton University Press, 2015); Steven Pinker, *Enlightenment Now: The Case for Reason, Science, Humanism, and Progress* (Viking, 2018); Matt Ridley, T*he Rational Optimist: How Prosperity Evolves* (Harper Perennial, 2010); and Yuval Harari, *Sapiens: A Brief History of Humankind* (HarperCollins, 2015). On freedom from deprivation, see Amartya Sen, *Development as Freedom* (Knopf, 1999)。

4. Daniel Kahneman and Angus Deaton, "High Income Improves Evaluation of Life but Not Emotional Well-Being" (2010), PNAS 107–38: 16489–93.

5. 几十年来，许多学者研究了标准宏观经济统计数据——尤其是 GDP——与自述幸福判定指标之间的关系。For a 2017 survey, see OECD, "How's Life? Measuring Well-Being," bit.ly/1Oo1mzM. Other important sources include Esteban Ortiz-Ospina and Max Roser (2018),

"Happiness and Life Satisfaction," bit.ly/2FgdV2x; Ed Diener and Robert Biswas-Diener, *Happiness: Unlocking the Mysteries of Psychological Wealth* (Wiley-Blackwell, 2008); and Ed Diener and Martin E.P. Seligman (2004), "Beyond Money: Toward an Economy of WellBeing," *Psychological Science in the Public Interest* 5(1): 1–31. The classic essay in the literature is Richard Easterlin, "Does Economic Growth Improve the Human Lot? Some Empirical Evidence," in Paul A. David and Melvin W. Reder, *Nations and Households in Economic Growth* (Academic Press, 1974).

6. 卡尼曼与迪顿合著《高收入提高了生活评价但没有改善情感福祉》（*High Income Improves Evaluation of Life but Not Emotional Well-Being*）一文。

7. 他们采用三种体验式幸福——或者他们所谓的"情感幸福"——的表达方式。他们考察了积极影响（好心情）、消极影响（悲伤）和紧张状态。

8. Hadley Cantril, *The Pattern of Human Concerns* (Rutgers University Press, 1966).

9. Betsey Stevenson & Justin Wolfers (2008), "Economic Growth and Subjective Well-Being: Reassessing the Easterlin Paradox," *Brookings Papers on Economic Activity* 39(1).

10. Lyubomirsky, *How*, p. 37.

11. Philip Brickman, Dan Coates, and Ronnie Janoff-Bulman, "Lottery

Winners and Accident Victims: Is Happiness Relative?" (1978), *Journal of Personality and Social Pscyhology* 36(8): 917-927.

12. Maria Vultaggio, "16 Inspirational Stephen Hawking Quotes About Life, the Universe, and More," *Newsweek*, 14 March 2008, bit. ly/2q9GQM7.

13. Haidt, *The Happiness Hypothesis*, p. 86.

14. Kostadin Kushlev, Elizabeth W. Dunn, Richard E. Lucas (2015), "Higher Income Is Associated with Less Daily Sadness but not More Daily Happiness," *Social Psychological and Personality Science* 6(5), p. 483.

15. Kushlev, Dunn, Lucas, "Higher Income."

16. 欲了解穷困个体感觉对其所处环境缺乏控制的程度，参见 Wendy Johnson and Robert F. Kreuger, "How Money Buys Happiness: Genetic and Environmental Processes Linking Finances and Life Satisfaction" (2006), *Journal of Personality and Social Psychology* 90(4): 680–91; and Michael W. Kraus, Paul K. Piff, and Dacher Keltner, "Social Class, Sense of Control, and Social Explanation" (2009), *Journal of Personality and Social Psychology* 97(6): 992–1004。欲了解感知自我控制和悲伤之间的关系，参见 Albert Bandura, "SelfEffcacy: Toward a Unifying Theory of Behavioral Change" (1972), *Psychological Review* 84(2): 191–215; and Ira Roseman, A. Antoniou, and P. Jose, "Appraisal Determinants of Emotions: Constructing a More Accurate and Comprehensive Theory" (1996), *Cognition & Emotion*, 10: 241–77。欲了解更多感知控制和更多欢乐之间的关系，参见 Roseman et al., 1996。总的来

说，金钱通常对悲伤的影响比对幸福的影响更强烈一些。

17. Dunn, Gilbert, and Wilson, “If Money Doesn’t Make You Happy, Then You Probably Aren’t Spending It Right,” p. 115.

18. Elizabeth Dunn and Michael Norton, *Happy Money: The Science of Happier Spending* (Simon & Schuster, 2013), Chapter 1; Leaf Van Boven and Thomas Gilovich, “To Do or To Have? That Is the Question” (2003), *Journal of Personality and Social Psychology* 85(6): 1193–202; and Carl Richards, “More Money, More Success, More Stuff? Don’t Count on More Happiness,” *New York Times*, 2 July 2016. Also see Leonardo Nicolao, Julie R. Irwin, and Joseph K. Goodman, “Happiness for Scale: Do Experiential Purchases Make Consumers Happier than Material Purchases?” (2009), *Journal of Consumer Research* 36: 188–98. 他们认为在推动积极结果方面，体验比物质商品更佳，而在消极的结果中，体验可能比物质商品更糟糕。他们建议消费者对体验的适应要缓慢一些，这样快乐或失望会被延长。

19. Thomas DeLeire 和 Ariel Kalil 调查了幸福与十几种不同形式的消费之间的关系。参见他们的“Does consumption buy happiness? Evidence from the United States” (2010), *International Review of Economics* 57(2): 163–76。

20. Lyubomirsky, “Hedonic Adaptation to Positive and Negative Experiences.”

21. 按照柳博米尔斯基的说法，“因此获得加深的和持久的幸福的关键在于努力而刻意的活动，以此减缓或阻止积极的适应过程。我们的假设是此类活动具有几个帮助它们有效阻止适应的潜在特性：它们是动态的、有情节的、新颖的、吸引人的”。引自 sonjalyubomirsky.com。

22. Richard Thaler and Eric Johnson, “Gambling with House Money and Trying to Break Even: The Effects of Prior Outcomes on Risky Choice” (1990), *Management Science* 36(6): 643–60; “Interrupted Consumption: Disrupting Adaptation to Hedonic Experiences” (2008), *Journal of Marketing Research* 45(6): 654–64.

23. Ed Diener et al., “Happiness Is the Frequency, Not the Intensity, of Positive Versus Negative Affect,” in F. Strack et al. (eds.), M. Argyle, & N., *Subjective Well-Being: An Interdisciplinary Perspective* (Pergamon, 1991), pp. 119–39; Dunn and Norton, *Happy Money*.

24. 绝大多数成年人将体验获得物视为更具自我界定的而不是有形的物品。我们通常把我们的身份附加到体验中而不是物品中——这就是我们“做”什么而不是我们“有”什么的问题。参见 Van Boven and Gilovich, “To Do or To Have?”

25. 因此，有些心理学家支持在有形的事物上多花钱以扩大你的重要体验的做法（如一块更好的冲浪板、一辆更棒的山地自行车、一副更精致的鱼竿，或一只更漂亮的棋钟）。

26. Dunn and Norton, *Happy Money*, Chapter 5.

27. Dunn and Norton, *Happy Money*.

28. Diener and Seligman, "Very Happy People."

29. Elizabeth Dunn, Lara Ankin, and Michael Norton, "Spending Money on Others Promotes Happiness" (2008) *Science* 319(5870), pp. 1687–8.

30. Tim Kasser and Kennon M. Sheldon, "Time Affluence as a Path toward Personal Happiness and Ethical Business Practice: Empirical Evidence from Four Studies" (2009), *Journal of Business Ethics* 84(2): 243–55; Kennon M. & Tim Kasser, "Psychological Threat and Extrinsic Goal Pursuit" (2008), *Motivation and Emotion* 32: 37–45.

31. Hal Hershfeld, Cassie Mogilner, and Uri Barnea, "People Who Choose Time Over Money Are Happier" (2016), *Social Psychological and Personality Science* 7(7): 697–706.

32. 时间匮乏也可能导致认知过载和感觉到可能妨碍一个人活在当下能力的压力。参见 Kirk Warren Brown and Richard M. Ryan, "The Benefits of Being Present: Mindfulness and Its Role in Psychological Well-Being" (2003), *Journal of Personality and Social Psychology* 84(4): 822-848。它也抑制了寻找"心流"（flow）的能力，在这种深度融入的精神状态下，某个人完全被吸引，失去了空间感和时间概念；心流"处于该区域内"。获得心流被认为是更深的幸福源泉。参见 Mihaly Csikszentmihalyi, *Flow: The Psychology of Optimal Experience* (Harper & Row, 1990)。

33. Emily Badger, "How Poverty Taxes the Brain," Citylab.com, 29 August 2013.

第六章 设定优先事项

1. en.wikipedia.org/wiki/Pascal's_Wager

2. Roy F. Baumeister et al., "Bad is Stronger Than Good" (2001), *Review of General Psychology* 5: 323–70.

3. Carl Richards, "Overcoming an Aversion to Loss," *New York Times*, 9 December 2013.

4. 这次有关发现和回报的讨论是由霍华德·马克斯发起的。参见 *The Most Important Thing Illuminated* (Columbia Business School Press, 2013)。

5. Bill Carmody, "Why 96 Percent of Businesses Fail Within 10 Years," Inc.com, 12 August 2015.

6. Marks, *The Most Important Thing*. See also *Peter Bernstein, Against the Gods: The Remarkable Story of Risk*, (Wiley, 1996).

7. Charley Ellis, "The Loser's Game" (1975), *Financial Analyst Journal* 31(4): 19–26.

8. Maria Lamagna, "Americans Are Now In More Debt Than They Were Before the Crisis," marketwatch.com, 23 December 2016.

9. Natixis, 2016 Global Survey of Individual Investors, bit. ly/2IdVEjZ.

10. Daniel Goldstein, Hal Hershfeld, and Shlomo Benartzi, "The Illusion of Wealth and Its Reversal" (2015), *Advances in Consumer Research* 43. 当人们把他们的退休金当作一笔总金额（如 100 万美元）而不是收入流（每

月 3300 美元）时，“财富幻觉”就更加明显。

11. 将资产转化为收入是大多数人需要专业协助的领域。

12. Jordi Quoidbach, Daniel T. Gilbert, Timothy D. Wilson, “The End of History of Illusion” (2013), *Science* 339, pp. 96–8.

13. Robert A. Emmons, *Thanks! How Practicing Gratitude Can Make You Happier*, 2007; and Emmons and M. McCullough, “Counting Blessings Versus Burdens: An Experimental Investigation of Gratitude and Subjective Well-Being in Daily Life” (2003), *Journal of Personality and Social Psychology* 84: 377–89.

14. Emmons, *Thanks!* pp. 4–5.

15. Kristin Layous et al., “Kindness Counts: Prompting Prosocial Behavior in Preadolescents Boots Peer Acceptance and Well-Being” (2012), *PLoS ONE* 7(12); S. Katherine Nelson et al., “Do Unto Others or Treat Yourself? The Effects of Prosocial and Self-Focused Behavior on Psychological Flourishing” (2016), *Emotion* 16(6): 850–61.

第七章　做出决策

1. 同样地，现代投资之父本杰明·格雷厄姆在其前导性的《聪明的投资者》（*The Intelligent Investor*）一书中评论道：“投资者的主要问题——甚至是其最糟糕的敌人——可能就是他自己。”另外茨威格的引语可以在 jasonzweig.com/from-the-archives-danielkahneman 查到。

2. Cited in Jason Voss, "How Mediators Can Overcome Behavioral Finance Bias," Enterprising Investor (CFA Institute), cfa.is/2opEZC1.

3. 可参阅 DALBAR, Inc.（www.dalbar.com）所做的《投资者行为定量分析》报告。股权投资者的平均业绩结果由投资公司协会提供的数据计算得出。投资者收益率通过扣除销售、赎回和交易之后的共同基金总资产的变化呈现出来。这种计算方法采集的数据包括已实现和未实现的资本收益、股息、利息、交易成本、销售费用、规费、开支和任何其他成本。在计算出以美元计价的投资者收益率后，计算考察期间的两个百分数：投资者总收益率和年化投资者收益率。每个考察阶段的总收益率是通过计算以美元计投资者收益占净销售额、赎回额和交易额的百分比来确定的。20 年期的结束时间为 2015 年 12 月 31 日。

4. 从技术的角度来讲，这是美元平均收益率，并非投资者平均收益率。我们在此使用了投资者平均收益率的表述，特此说明。

5. 2018 年 1 月 27 日。

6. 数据来自晨星公司（Morningstar.com），截至 2016 年 4 月 30 日。在写这本书的过程中，晨星公司改变了报告中的数据，所以我无法再为 VINIX 模式更新投资者收益数据。

7. Alessandra Malito, "Nobel Prize Winner Richard Thaler May Have Added $29.6 Billion to Retirement Account," MarketWatch.com, 6 January 2018.

8. Thomas Stanley and William Danko, *The Millionaire Next Door* (RosettaBooks, 2010).

9. Gary P. Brinson, L. Randolph Hood, and Gilbert L. Beebower, "Determinants of Portfolio Performance" (1986), *Financial Analysts Journal* 42(4): 39–44.

10. Roger G. Ibbotson and Paul D. Kaplan, "Does Asset Allocation Policy Explain 40, 90, or 100 Percent of Performance" (2000) *Financial Analysts Journal* 56(1): 26–33.

11. Michael Mauboussin, Dan Callahan, and Darius Majd, "Looking for Easy Games," Credit Suisse, 4 January 2017.

12. 越来越多的股票市场活动是通过世界上最快的超级计算机执行由金融、数学和计算机科学领域的一些世界顶尖专家编写的程序进行的算法交易完成的。Joshua M. Brown, "Who Are You Competing With?," www.thereformedbroker.com, 6 March 2017.

13. 在一个 5 年的时间段内，84% 的大盘股权经理、77% 的中盘股权经理和 90% 的小盘股权经理都落后于各自的衡量基准。在一个 10 年的时间段内，相关数据分别是 82%、88% 和 88%。欲了解详细信息，参见 SPIVA U.S. Scorecard published by S&P Dow Jones Indices, bit.ly/2FsoNGq。

第八章　头脑

1. 当时并不特别受欢迎。相反，塞麦尔维斯遭到维也纳医学界的知名人士好一顿奚落，他们认为他的草率研究证明不了什么。当时塞麦尔维斯和其他医生都不了解细菌，更不用说几十年之后才出现的细菌致病理论了。塞麦尔维斯的很多同事拒绝洗手（他们觉得那样看起来很糟糕）。基于相反立场拒绝强有力证据的倾向有一个很有名的表述，即塞麦尔维斯反射。

2. Donald A. Norman, *Living with Complexity* (MIT Press, 2010).

3. David Foster Wallace, "This is Water," bit.ly/1g1U1QY.

4. George Lakoff, Women, Fire, and Dangerous Things: What Categories Reveal About the Mind (University of Chicago Press, 1987), p. 5.

5. Nassim Nicholas Taleb, *Fooled By Randomness: The Hidden Role of Chance in Life and in the Markets* (Random House, 2005).

6. Kahneman, *Thinking, Fast and Slow*, pp. 79, 118.

7. Kahneman, *Thinking, Fast and Slow*, p. 436.

8. Howard Marks, *The Most Important Thing*.

第九章　四个角

1. 由宽泛的信托话题衍生而来的定性问题非常重要。我在《投资者的悖论》一书中对此做过专题讨论，不过在此处关注的是这种定量评价。

2. 另一种主要产品是收入。不过我在本书中不予探讨。

3. 参见 Elroy Dimson, Paul Marsh, and Mike Staunton, *Triumph of the optimists: 101 years of global investment returns* (Princeton University Press, 2002); John C. Bogle and Michael W. Nolan Jr. (2015), "Occam's razor redux: Establishing reasonable expectations for financial market returns," *Journal of*

Portfolio Management 42(1); Brian D. Singer and Kevin Terhaar, *Economic foundations of capital market returns*, Research Foundation of the Institute of Chartered Financial Analysts, 1997; State Street Global Advisors, Long-term asset class forecasts (released quarterly). Jeremy J. Siegel, *Stocks for the long run: The defnitive guide to fnancial market returns and long-term investment strategies* (McGraw-Hill Education, 2014).

4. 本章中图表的市场数据源自：Morningstar, Ned Davis Research, Robert Shiller's online database (www.econ.yale.edu/~shiller/data.htm), and portfoliovisualizer.com.

5. Hendrik Bessembinder, "Do Stocks Outperform Treasury Bills?" *Journal of Financial Economics*, forthcoming; working draft, 21 November 2017, bit.ly/2kYSl3K.

6. Bessembinder, "Do Stocks Outperform Treasury Bills?"

7. 数据源自一份工作论文：J. B. Heaton et al., "Why Indexing Works" (May 2017), which was cited in Ben Carlson's blog, awealthofcommonsense.com.

8. 更准确地说，最低收益率可以更好地预测单一债券的总收益率，而到期收益率可以更好地预测不可赎回债券的总收益率。

9. 大公司股票参考标准普尔 500 指数。小公司股票参考罗素 2000 指数。较高品质债券参考彭博巴克莱美国整体债券指数。较低品质债券参考巴克莱美国公司高收益债券指数。

10. Richard Thaler and Shlomo Benartzi, "Save More Tomorrow: Using Behavioral Economics to Increase Employee Savings" (2004), *Journal of Political Economy* 112(1): 164–187.

11. Geoffrey West, *Scale: The Universal Laws of Growth, Innovation, Sustainability, and the Pace of Life in Organisms, Cities, Economies, and Companies* (Penguin, 2017).

12. Morgan Housel, "The Freakishly Small Base," bit.ly/2A1VMON.

13. Housel, "The Freakishly Small Base".

14. Jason Zweig, "Saving Investors From Themselves," *Wall Street Journal*, 28 June 2013.

15. Walter Mischel, *The Marshmallow Test: Why Self Control is the Engine of Success* (Back Bay Books, 2015), p. 5.

第十章　你在这里

1. 有大量心理学文献涉及唯物主义的探讨。例如，可参考 Tim Kasser, *The High Price of Materialism* (MIT Press, 2002); James A. Roberts and Aimee Clement, "Materialism and Satisfaction with Overall Quality of Life and Eight Life Domains" (2007), *Social Indicators Research* 82: 79–92; Tim Kasser and Richard M. Ryan, "The Dark Side of the American Dream: Correlates of Financial Success as a Central Life Aspiration" (1993), *Journal of Personality and Social Psychology* 65(2): 410–22; Erich Fromm, *To Have*

or to Be? (Harper & Row, 1976); Joseph Chancellor and Sonja Lyubomirsky, “Happiness and Thrift: When (Spending) Less is (Hedonically) More” (2011), *Journal of Consumer Psychology* 21: 131–8; E. Solberg, Ed Diener, and M. Robinson, “Why are materialists less satisfed?” in T. Kasser, & A. D. Kanner (eds.), Psychology and Consumer Culture: The Struggle for a Good Life in a Materialist World (American Psychological Association, 2004), pp. 29–48; K.D. Vohs, N.L. Mead, and M.R. Goode, “The Psychological Consequences of Money” (2006), Science 314: 1154–6; T. Carter and Thomas Gilovich, “The relative relativity of experiential and material purchases” (2010), *Journal of Personality and Social Psychology* 98: 146–59.

2. Olivia Mellon and Sherry Christie, “The Secret Sadness of Retired Men,” ThinkAdvisor.com, 30 July 2014; Brenda Bouw, “Men Vulnerable to Boredom, Depression in Retirement,” *The Globe and Mail*, 25 March 2017.

3. Cited by Daniel Crosby, www.nocturnecapital.com.

4. Sourced from Shane Parrish, Farnam Street blog, bit.ly/1IMXXGO.

5. Abraham Joshua Heschel, *Who is Man?* (Stanford University Press, 1965).

6. Martin E. P. Seligman et al., *Homo Prospectus* (Oxford University Press, 2016).

7. Dan Falk, *In Search of Time: The History, Physics, and Philosophy of Time* (St. Martin’s Griffn, 2010).

8. Bret Stetka and Kit Yarrow, "Why We Shop: The Neuropsychology of Consumption," *Medscape*, 22 November 2013.

9. Alex Kacelnik, "The Evolution of Patience," in George Loewenstein, Daniel Read, and Roy F. Baumeister, eds., *Time and Decision: Economic and Psychological Perspectives on Intertemporal Choice* (Russell Sage Foundation, 2003).

10. David Laibson, "Golden Eggs and Hyperbolic Discounting," *Quarterly Journal of Economics* 112 (1997), 443–77; Gregory Berns, David Laibson, and George Loewenstein, "Inter-temporal choice: Toward an Integrative Framework," *Trends in Cognitive Sciences* 11(11): 482–8; Richard Thaler, "Some Empirical Evidence on Dynamic Inconsistency," *Economic Letters* 8 (1981), 201–7; George Ainslie and N. Haaslma, "Hyperbolic Discounting," in George Loewenstein and Jon Elster, eds., *Choice Over Time* (New York: Russell Sage Foundation, 1992); Ainslie, G. (2016) The Cardinal Anomalies that Led to Behavioral Economics: Cognitive or Motivational?, *Managerial and Decision Economics* 37: 261–73.

11. Gilbert, *Stumbling on Happiness*; See also Timothy Wilson and Daniel Gilbert, "Affective Forecasting" (2003). *Advances in Experimental Social Psychology* 35: 345–411; Daniel Gilbert and Timothy Wilson, "Prospection: Experiencing the Future," *Science* 317, 7 September 2007; Daniel Gilbert and Timothy Wilson, "Why the Brain Talks to Itself: Sources of Error in

Emotional Prediction" (2009), *Philosophical Transactions of the Royal Society B: Biological Sciences* 364(1521): 1335–41.

12. Gilbert, *Stumbling on Happiness*.

13. Kirk Warren Brown and Richard M. Ryan, "The Benefits of Being Present: Mindfulness and Its Role in Psychological Well-Being" (2003), *Journal of Personality and Social Psychology* 84(4): 822–48.

14. Deci and Ryan, "Self-Determination" p. 486.

15. Haidt, *The Happiness Hypothesis*, pp. 84–6.

16. 心理学家将情感体验区分为"达成目标前的积极情感"(pre-goal attainment positive affect)和"达成目标后的积极情感"(post-goal attainment positive affect)。

17. Friedrich Nietzsche, *Twilight of the Idols* (Hackett, 1997 (1889)).

18. Hal Ersner-Hershfeld, G. Elliott Wimmer, and Brian Knutson, "Saving for the Future Self: Neural Measures of Future Self-Continuity Predict Temporal Discounting" (2009), *Social Cognitive and Affective Neuroscience* 4(1): 85–92.

19. Hal Hershfeld, "You Make Better Decisions If You 'See' Your Senior Self," *Harvard Business Review*, June 2013.

20. Jean-Louis van Gelder, Hal E. Hershfeld, and Loran F. Nordgren, "Vividness of the Future Self Predicts Delinquency" (2013), *Psychological Science* 24(6): 974–80. Jean-Louis Van Gelder et al., "Friends with My Future

Self: Longitudinal Vividness Intervention Reduces Delinquency," *Criminology*, 2015, 53(2): 158–79.

21. Cf. Van Boven and Gilovich, "To Do or To Have?" ; Karim S. Kassam et al., "Future Anhedonia and Time Discounting," *Journal of Experimental Social Psychology*, 2008, 44: 1533–7; Jordi Quoidbach and Elizabeth Dunn, "Give It Up: A Strategy for Combating Hedonic Adaptation," *Social Psychological and Personality Science*, 2013, 4(5): 563–8. On the negative impact of convenience, see Tim Wu, "The Tyranny of Convenience," *New York Times*, 18 February 2018.

22. Dunn and Norton, *Happy Money*.

23. www.ted.com/talks/dan_gilbert_you_are_always_changing.